—— 作者 ——

沃里克·F. 文森特

加拿大魁北克市拉瓦尔大学生物学教授，教授湖沼学与海洋学。加拿大水生生态系统研究委员会主席，加拿大皇家地理学会会员，新西兰皇家学会荣誉会员。他因研究北极和南极地区的生态系统而闻名，当前研究主要集中于湖泊、河流和加拿大北部近海水域。著有《南极洲的微生物生态系统》(1988)、《极地湖泊与河流：北极与南极洲水生生态系统湖沼学》(2008) 等专著。

[加拿大] 沃里克 · F. 文森特 著　邓天旸 译

湖泊

牛津通识读本 ·

Lakes

A Very Short Introduction

译林出版社

图书在版编目（CIP）数据

湖泊 /（加）沃里克·F.文森特（Warwick F. Vincent）著；
邓天旸译．—南京：译林出版社，2023.1
（牛津通识读本）
书名原文：Lakes: A Very Short Introduction
ISBN 978-7-5447-9313-1

Ⅰ.①湖…　Ⅱ.①沃…　②邓…　Ⅲ.①湖泊-世界-
普及读物　Ⅳ.①P941.78-49

中国版本图书馆 CIP 数据核字（2022）第 127651 号

著作权合同登记号　图字：10-2018-429号

湖泊　[加拿大] 沃里克·F. 文森特 / 著　邓天旸 / 译

责任编辑　杨欣露
装帧设计　孙逸桐
校　　对　王　敏
责任印制　董　虎

原文出版　Oxford University Press, 2018
出版发行　译林出版社
地　　址　南京市湖南路 1 号 A 楼
邮　　箱　yilin@yilin.com
网　　址　www.yilin.com
市场热线　025-86633278
排　　版　南京展望文化发展有限公司
印　　刷　南京新世纪联盟印务有限公司
开　　本　850 毫米 ×1168 毫米　1/32
印　　张　5.125
插　　页　4
版　　次　2023 年 1 月第 1 版
印　　次　2023 年 1 月第 1 次印刷
书　　号　ISBN 978-7-5447-9313-1
定　　价　59.50 元

序 言

沈 吉

译林出版社出版了一套“牛津通识读本”（*Very Short Introductions*），邀请我为其中的《湖泊》一书作序。该书作者是加拿大魁北克市拉瓦尔大学生物学教授沃里克·文森特（Warwick Vincent），他担任加拿大水生生态系统研究院首席研究员，也是加拿大皇家学会会员、加拿大皇家地理学会会员，在湖泊研究方面享有很高的国际声誉。他曾于2018年来南京参加第34届国际湖沼学大会，我对他的研究工作印象深刻也非常欣赏，因而欣然答应，也深感荣幸。

1922年，拥有401名建会会员的国际理论与应用湖沼学学会（SIL，又称国际湖沼学学会）在德国基尔成立，这对于湖沼学的发展具有里程碑式的意义，会员几乎覆盖五大洲。此后，学会每两到三年举行一次学术交流大会。2018年，SIL第34届国际湖沼学大会在中国南京召开，是学会创建96年以来首次在中国举办，由中国科学院南京地理与湖泊研究所承办。我当时作为研究所所长承担了大会的组织工作，并与埃里克·耶珀森（Erik Jeppesen）教授共同担任大会主席，同时作有关湖泊生态系统长期演化的大会特邀报告。大会期间结识了本书作者。

拿到本书书稿，如同旧友新逢，欣然花了两天时间，奉读完成。一个非常鲜明的印象是：作者敬畏先贤，十分推崇弗朗索瓦·A. 福雷尔先生的研究工作。全书通篇穿插福雷尔关于日内瓦湖研究的片段，由此提供湖泊研究的思路、对湖泊认识逐步提高的过程，以及所获得的阶段性成果。洛桑大学（瑞士）的生理学教授弗朗索瓦·A. 福雷尔于1892—1902年间陆续发表了湖泊综合研究专著《日内瓦湖：湖沼学专论》（*Le Léman: Monographie limnologique*）（共三卷），从而宣告了这门学科的诞生。因此，福雷尔也被誉为“湖沼学之父”。

本书以讲故事的方式，生动叙述了关于湖泊的那些枯燥的基本概念。比如：通过观察水之运动来阐述波浪和湖流的基本概念；从湖水的季节变化与混合过程的角度叙述温跃层的概念。作者善于对大家日常惯见的现象提出问题，阐述蕴藏于现象背后的科学原理。比如，纯净的湖水为什么是深蓝色？因为水分子能够吸收绿光和红光，后者的吸收程度更高，剩余的蓝光光子则被散射至各个方向并回到我们的眼中，湖水从而显示为蓝色。

作者讲述了湖泊中非常有趣的捕食现象，展示了自然界的盎然生机。比如：黄库蚊主要生存于湖泊和池塘，日间潜入水底，以沉积物中的动物为食；夜间它们会迁徙到湖面捕食浮游动物，由此躲避鱼类的捕食。借此，作者介绍了湖泊中非常重要的食物链层次：最下层的被称为生产者，是能够通过光合作用将环境中的无机物制造成营养物质的自养生物，如水生植物和藻类；第二层被称为消费者，指那些以其他生物或有机物为食的异养生物，食草动物为一级消费者，肉食性鱼类为二级消费者；第三层被称为分解者，主要是各种异养细菌和真菌，它们把复杂的动植物残体分解为简单的化合物，最后分解成无机物归还到环境中去，被生产者再利用。

作者非常重视新技术在湖泊研究中的应用，比如同位素方法在食物链研究方面的应用。作者提到，贝加尔湖中浮游植物硅藻在摄取无机氮后，它们的$\delta^{15}N$比大气增加了约4 ppt[①]。硅藻随后被端足类动物吃掉，并将氮在食物链中一路向上传递，经中上层鱼类（杜父鱼），最终到海豹时$\delta^{15}N$增加了14 ppt。这种方法对研究食物网中“谁吃谁”的关系提供了宝贵的参考。

作者对于湖泊外来物种的入侵有着十分警觉的意识，列举了当前已经发生的一系列生态灾难。例如，我们较为熟知的原产南美洲的凤眼莲，俗名水葫芦，在亚洲、非洲和美国南部肆虐，将水面覆盖致使水生栖息地窒息，水生生物大量死亡。1968—1975年间，一种叫*Mysis diluviana*的糠虾被引入美国蒙大拿州弗拉特黑德湖上游的三个小湖，以改善鲑鱼渔业。到了1981年，这种糠虾顺流而下进入了弗拉特黑德湖，并于1980年代末在数量上经历了爆炸性的增长。几年后，湖中浮游动物中的枝角类和桡足类因众多糠虾的过量捕食而消失殆尽，淡水红鲑变得没有浮游动物可吃，又因为糠虾只在夜间才出没于浮游区的水面，红鲑无法看见它们所以不能摄食。在弗拉特黑德湖流域，鲑鱼的竞技性捕捞量

① 表示数值时，ppt的规范用法应为10^{-12}，但因书中此类数值出现较多，为了行文简洁美观，沿用原书用法。后文中的ppb（10^{-9}）、ppm（10^{-6}）同样如此。——编注

从1985年的超过10万条直线下滑到1988年的0条。秃头鹰会在淡水红鲑产卵的溪流聚集捕食红鲑，其数量也经历了从1980年代早期的600余只到十年后的基本绝迹。

作者还介绍了与湖泊有关的一些引人入胜的奇异现象。比如南极洲麦克默多干谷地区的万达湖，这里的湖面终年结冰，但当第一批科学家在冰面上钻洞，并将热敏电阻探头伸入下方水柱时，他们惊奇地发现温度在随着深度上升，并在底部达到惊人的26 ℃。又如南极洲西福尔丘的迪普湖，盐度非常高（270 ppt），以至于湖水在冬季也不结冰，人们可以在周围天寒地冻的湖心划船，而这种液态盐卤湖水的温度达到−18 ℃。此外，一些长年深埋在冰川下的极地湖泊也令人着迷。

在最后一章“湖泊与我们”中，作者提醒人们，未来应关注全球变暖对湖泊生态系统的影响。他着重提到，世界各地筑坝拦水，建造了数以万计的人工湖泊-水库，这些水库的负面生态效应已经开始显现；其次是全球范围内湖泊面临的富营养化趋势，这些都是湖泊研究领域亟待解决的世界性难题。

作为一名湖泊科学工作者，我认为本书是绝佳的科普和通识教育读物。作者在短短的八万字篇幅内，将百年来的湖泊研究娓娓道来，内容丰富有趣，令人目不暇接、心驰神往。湖泊拥有供水、防洪、旅游、灌溉、水产养殖以及维系区域生态平衡等多种功能，被誉为“大地的明珠”。本书引导人们从多学科的视角认识湖泊，并连接湖泊基础研究、湖泊环境治理与管理全过程，必将对推动大众科普教育做出贡献。

中文版序

2018年8月，我有幸受邀前往南京参加第34届国际湖沼学大会。国际湖沼学学会（SIL）致力于内陆水体的研究，自1922年成立以来，每两到三年会在世界不同的地方举办大会。这是大会第二次在亚洲举办，也是第一次在中国举办。

南京的会场坐落于美丽的建邺区，这里有宽阔的马路、闪亮的酒店和有着玻璃外墙的办公楼，有些还在建，在我看来似乎每天晚上都在增高。中国主办方的接待非常出色，我也很高兴能够认识许多来自中国和世界各地的学生与研究者。

值此良机，我们也向我的博士导师，来自美国加州大学戴维斯分校的杰出的湖沼学教授，时年88岁的查尔斯·R. 戈德曼博士表示祝贺。为向戈德曼教授致意，我们举行了一场特别的研讨会，主题为“世界湖泊给全球的启示”，由我的同事、日本湖沼学学会前会长熊谷道夫教授主持。会后我们举办了一场令人难忘的中式晚宴，戈德曼教授在他的友人、同事和曾经的学生的陪同下出席。晚宴由太湖湖泊生态系统研究站前站长、杰出的中国湖沼学家濮培民教授主持。

那个周末，我在汉斯·帕埃尔教授（也曾是戈德曼教授的学生）的带领下对太湖进行了实地考察。我们了解到这一广阔水体作为逾四千万人口水源供给的重要性，以及正在进行的理解和管理水质问题的各项研究，后者面临着全球气候变化带来的额外挑战。

南京之旅使我萌发了将我的湖沼学通识读本译成中文的想法。这本书在2018年经牛津大学出版社出版，后被翻译成法语在魁北克市和巴黎发行。当我听说中译本的出版社——译林出版社就坐落在南京时，我特别高兴，因为这座城市在我于中国介绍湖沼学的过程中有着举足轻重的地位。初版编辑许丹女士和她在译林出版社的同事在翻译项目上给予了许多鼓励和无价的帮助，我为此向他们致谢。我要特别感谢邓天旸先生，他在拉瓦尔大学攻读化学博士期间勇敢地承担起英译中的工作。作为他博士论文的联合指导老师，我总是担心翻译会占用他研究工作（即开发微流控和高级图谱技术在环境分析系统中的联用）的时间，但幸运的是他能平衡这几项工作，而且我对他在翻译过程中对湖沼学有了深入认识感到非常高兴。

我要向许多湖沼学家致谢，他们在英文原版书出版前后给予了专业反馈和修改意见。他们包括：B. 拜森拿、S. 博尼利亚、R. 科里、A. 卡利、G. 克林、熊谷道夫、U. 莱明、I. 洛里昂、C. 洛夫乔伊、S. 麦金泰尔、S. 马卡格、F. 皮克、R. 皮耶尼蒂兹、M. 劳蒂奥、G. 施拉多、P. 旺罗莱根和A. 维涅龙。我还要感谢阿曼达·托佩罗夫绘制了超高质量的插图，以及加拿大机构对我湖泊研究的资金支持，包括自然科学与工程研究理事会（NSERC）、魁北克自然科学与工程研究基金会（FRQNT）、加拿大研究讲座（CRC）、加拿大创新基金会（CFI）、卓越中心网络计划——北极网络计划（NCE-ArcticNet）以及加拿大第一研究卓越基金——北部哨兵计划（CFREF-Sentinel North）。

最后，我想再次感谢南京国际湖沼学大会的主办方，感谢他们的温馨接待以及他们对中国多样的湖泊和河流生态系统的精彩介绍。我希望此书能够帮助环境科学的学生们捕捉他们对湖泊的想象，以及鼓励所有读者去进一步了解世界湖泊水面下潜藏的秘密。

沃里克·F. 文森特

于加拿大魁北克市拉瓦尔大学

纪念丹尼斯·A.沃尔特（1938—2013）

目 录

致谢

作者希望感谢以下人士提供的帮助：弗朗索瓦·D. C. 福雷尔同意使用其曾祖父弗朗索瓦·A. 福雷尔的著述中的材料；阿曼达·托佩罗夫绘制了高质量插图；比阿特丽克斯·拜森拿、西尔维娅·博尼利亚、罗斯·科里、亚历山大·卡利、乔治·克林、熊谷道夫、乌尔里奇·莱明、伊莎贝尔·洛里昂、康妮·洛夫乔伊、莎莉·麦金泰尔、斯蒂格·马卡格、弗朗西丝·皮克、莱因哈特·皮耶尼蒂兹、米拉·劳蒂奥、乔弗里·施拉多、皮特·旺罗莱根和阿德里安·维涅龙对书稿提出了宝贵意见；牛津大学出版社的拉莎·梅农和珍妮·纽吉出色的编辑支持；以及资助作者研究湖泊的机构，尤其是加拿大自然科学与工程研究理事会和魁北克自然科学与工程研究基金会。

第一章

引 言

什么是湖泊？乍一看，这似乎是个简单的问题：湖泊即被陆地所包围的水体。但这个枯燥死板的物理定义仅仅是回答的开端，湖泊的本质和含义有着许多其他有趣的解读。对淡水生物学家来说，湖泊就是陆地上的绿洲，其中微生物、植物和动物相互影响，湖泊内的物种、食物网和生态过程也亟待探索。环境学家则从化学角度出发，将湖泊视为和大气交换气体的活反应堆。湖泊收集并转化从邻近集水区冲洗出来的物质，同时也是水生植物和藻类通过光合作用合成新的有机物的场所。我的一些同事从事湖泊沉积物中微观化石的研究，对他们而言，湖泊是丰富的信息库，可以告知过去和现在，并引导我们制订未来的计划。

对水文工程师和大众来说，湖泊是不可或缺的资源，通过管理、治理现有湖泊和人工造湖，可以满足日益增长的饮用水、水力发电、渔业和其他生态系统服务等需求。维持这些服务需求则需要对表面水和地下水的平衡保持密切关注，包括它们的流入量、蒸发量、抽取量和流出量，这些条件共同决定了湖盆中保有的水量。水资源在世界上的许多地方都极度匮乏。在当前全球气候变化的大环境下，湖泊的水量出入平衡越发岌岌可危，其管理也显得困难重重且富有挑战。

从物理层面来讲，湖泊系指由太阳与风所驱动的持续运动的水体。在不同的季节，湖水可依据许多不同性质的差异分层，如温度、含氧量、颜色和含盐量。这些分层有时会出乎意料地显著，但在每年的混合期则会被打破。湖泊是陆地景观中水体联通且缓慢流动的管道：水从其中流入流出，但这种有序运动会持续地被风力引起的漩涡、流涡和逆流所干扰，甚至在水下，这种波的生成和破碎也在进行。

每年夏天，当我前往科考场所，飞过加拿大北部地区上空的时候，目光所及之处，下方的淡水湖犹如闪闪发光的群岛；或在更北更寒冷的纬度，白雪覆盖的湖冰镶嵌在起伏的苔原上。在部分研究中，我们关心微观生物在这些如群星般繁多的极地湖泊和池塘中的分布，以及这些具体的湖泊或池塘是怎样决定了这种分布。而对于研究鱼类和其他水生生物进化的人来说，最古老的湖泊群即一个个实验室。其中发生的繁殖、基因变异和物种形成的过程，能够帮助我们理解这个星球上的生物多样性是怎样进化而成和持续变化的。查尔斯·达尔文甚至推测生命可能是在“一些温暖且富含氨和磷盐的池塘”中诞生的。

湖泊是陆地的最低点，并最终汇入海洋（除有些例外）。从这个角度看，湖泊作为其周围环境的集成者（图1），反映了其流域（又称集水区或水域）供水、植被、地质、环境内的自然活动和人文活动的综合影响。所以湖泊也可作为反映环境变化的指标，用来监测局部环境中人文活动的当前规模与长期影响，以及区域

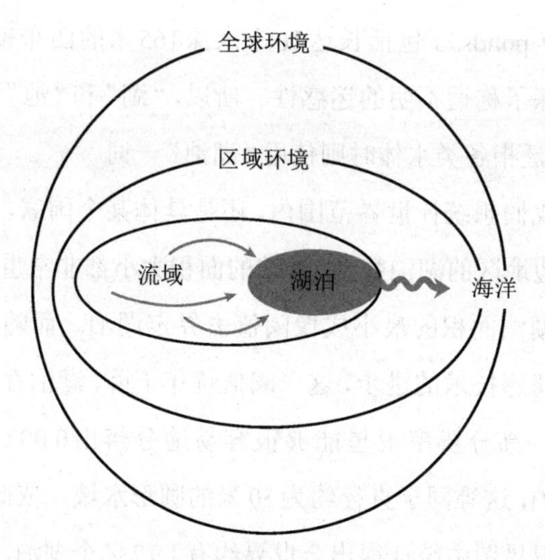

图1　湖泊是环境的监测者、集成者和连通者

和全球范围内正在发生的气候变化、污染物扩散和生物多样性的变化。

接下来就是面积的问题。达尔文提出的那个温暖的小池塘能被视为湖泊吗？有的人将池塘定义为深度允许人蹚过的水体，但在沼泽湿地，这种以身试深的测试方法并不明智。有的人将池塘定义为可被冻结至水底的水体，而湖泊则不能，但这种十分具有加拿大特色的对水生世界的认知却并不适于其他地方。此外，即使在加拿大，表面覆冰的底层水也特别抗冻。在英格兰湖区，游客会发现当地人把小型水体称为“山中小湖”（tarns），大一些的则被称为“湖”（lakes）、“池子”（meres）或者“水”（waters），对具体称谓的使用并没有明确的共识。文学中北美洲最有名的湖泊是瓦尔登湖（Walden Pond），纽芬兰的人们把大部分的湖都叫作“池”（ponds），包括长达16千米深165米的西布鲁克池，这进一步加深了称谓不明的迷惑性。所以，“湖”和“池”最好一并讨论，而在泛指各类水体时则使用“湖泊”一词。

无论我们想统计世界范围内，还是具体某个国家，抑或我们所处的周边地区的湖泊数量，湖泊的面积大小都非常重要。我们需要设定湖泊面积的最小成像阈值去界定湖泊。而随着卫星乃至无人机遥感技术的进步，这一阈值逐年下降，湖泊存量的下限也是如此。高分辨率卫星能够很容易地分辨出0.002平方千米以上的湖泊，这等同于直径约为50米的圆形水域。依此标准，研究人员从卫星图中统计得出全世界约有1.17亿个湖泊，总面积达500万平方千米。加拿大人认为本国是世界上湖泊最多的国家，包括和美国共有的五大湖群，并且保有地球20%的地表淡水量。但我办公室墙上的世界地图总提醒我：俄罗斯也是一个幅员辽阔且湖泊众多的国家，其中的贝加尔湖是世界上最深的湖泊，同时它也保有地球另外20%的地表淡水量。

此书旨在对湖泊相关科学知识作简短的概述，包括它们作为我们所属并依赖的生态系统的功能，以及它们对环境变化的反应。当然湖泊对人类探索和文化的重要性，还有其他超越科学但同样多样的原因。深不见底且幽暗的外观赋予了湖水神秘莫测和令人不安的气质，一直深深吸引着小说家和诗人就此进行创作，如西尔维娅·普拉斯的《涉水》和威廉·华兹华斯的《序曲》，后者描写了他在孩童时于午夜涉过一片幽暗可怖的湖的旅程。湖泊深处栖息着神话生物的传说在世界各地的文化中流传，如毛利人神话中住在江河湖海里的塔尼华水怪。湖泊有着更深远的精神意义。在玻利维亚和秘鲁的神话中，的的喀喀湖湖底的太阳神因蒂，养育了印加文明的创建者——曼科·卡帕克和玛玛·奥克略。湖泊如同宁静的镜面和色彩缤纷的调色板，除了吸引许多旅客每年前往湖岸边度假，也一直是各个文化中艺术家、音乐家、作家的灵感源泉。有的作品，如松尾芭蕉的经典俳句，能够唤起读者听觉上对湖泊和池塘的想象（“水声响”）；在加斯通·巴舍拉关于梦境的著作中，他分析了为何池水、泉水、湖水和溪水是“物质想象”和遐想的基本元素。

本书将把重心放在科学层面。而我希望这本通识读本可以让读者在下一次游览湖泊的时候，能以一种更强烈的好奇心和求知欲去认识湖泊，去认识水面和水下的奇观。每个章节将简短地介绍有关湖泊的物理、化学、生物特征的概念，同时着重阐述这些特征之间如何相互作用，湖泊和人类的需求之间的关系，以及全球环境变化对湖泊的影响。湖泊科学有着悠久的观察史和发现史，也有许多优秀的教材在更为学术的层面介绍湖泊生态。这些书本包含众多既有理论和新的信息，但所有这些知识都可以溯源到19世纪，一位年轻科学家在瑞士阿尔卑斯山脚美丽的日内瓦湖畔做出的决定。

第二章

深邃的水体

我面临着两种选择：要么建立自己的实验室，研究解剖学、组织学和生理学这些我在自然科学院不得不教授的学科……要么把这个湖当作我的实验室和水族馆，它充满神秘并吸引我去研究它。我很快做出了决定……

F. A. 福雷尔

作为一位新受训的科学家和医学博士，回到日内瓦湖畔后，弗朗索瓦·A. 福雷尔选择了一条职业道路。这条职业道路将引导他接下来数十年的研究，并最终为现代湖泊科学奠定了基础。日内瓦湖位于法国和瑞士的交界，而福雷尔则在瑞士一侧的湖畔出生长大。他敏锐地意识到这一湖泊对当地居民广泛的重要性。首先，日内瓦湖是当地社区首要的饮用水水源，包括正蓬勃发展的洛桑市。福雷尔正是在此处的学院（今洛桑大学）被任命教学。

福雷尔在儿时常常随父亲去日内瓦湖（法语称之为莱蒙湖）探索近岸水面下古老的高脚屋村落。这处地点激发了小福雷尔的想象。这些青铜时代的聚居地遗址埋在水面下，在此处发掘的考古文物充分证明了日内瓦湖和人类源远流长的关系。福雷尔也认识到日内瓦湖在渔业和运输业上巨大的商业价值，并随后用经济学的知识对这些价值作了定量分析。同时他很欣赏日内瓦湖和周围群山展现的美学魅力，并乐于和风景画家弗朗索瓦·L. D. 博西昂结伴同行。但他尤为感兴趣的是日内瓦湖那深邃碧蓝的湖水下潜藏的科学秘密，其中许多奥秘在经过严谨的研究后都能加以揭示。

1867年，在瑞士、法国和德国经过约11年的学习与医科培训后，26岁的福雷尔回到了洛桑，住在他靠近莫尔日的祖屋。他"全方面地研究湖泊"的决定一开始让他之前的德国导师有些担忧，后者让他采取一条更加细分的路径。福雷尔不为所动，并从各个学科方向对湖泊开展研究：从波浪、水流、阳光的穿透和水中化合物的性质，到生活在湖泊各个角落的植物、动物以及微生物。不过直到许多年之后，他才把这些分散的研究整合起来。

1892年，他出版了关于日内瓦湖的综合性著述，在其第一卷的序言中，他借用湖泊的希腊语*limne*一词创造了湖沼学（limnology）这个术语，并把这门新的综合性学科定义为"关于湖泊的海洋学"。今天，湖沼学已经把研究对象拓展到了河流、湿地乃至河口，但还是着重于研究湖泊和池塘。湖沼学研究人员在世界范围内有很多学术组织，如国际湖沼学学会（SIL）及美国湖沼学和海洋学协会（ASLO）。然而湖沼学作为一个科学术语在该领域以外并不为人所知。英语中形容淡水水体的词汇lake并不是从一个相似的词根衍生而来（如海洋学oceanography源于希腊语*okeanos*），而是从拉丁语中的盆地*lacus*而来。另一方面，湖沼学的概念直观且有吸引力，而且和我们当下对湖泊在保护、恢复和管理方面的目标高度相关。

对福雷尔来说，湖泊科学可以细分至不同的次级学科和课题，所有这些课题至今还在吸引淡水科学家们的关注（图2）。首先，湖泊的物理环境包括其地质学起源和背景、水平衡及与大气的热交换、光的穿透、温度随水深的变化、波浪、水流以及共同决定水运动的混合过程。其次，化学环境也很重要，因为湖水含有丰富多样的溶解物质（溶质）和颗粒物。这些物质在湖泊生态系统功能中起着不可或缺的作用。最后，湖泊的生物学特征不仅包含植物、微生物和动物的单个物种，也包含了它们构建成的食物网，以及这些群落在湖底和湖面的分布及功能。

福雷尔的新学科体系中有两点让他的思想从当时众多的学

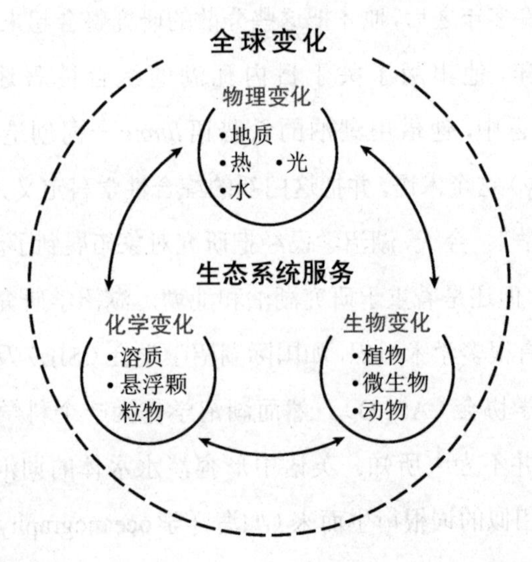

图2　全球环境变化下对湖泊生态系统服务产生影响的交互作用

者中脱颖而出，甚至超越之后的许多专家。正如他在湖沼学最早的定义中所提出的，从不同角度研究湖泊能够实现知识之间的相互交流并揭露其中的联系，从而绘制出生态系统的全景图。湖泊的物理、化学和生物特征之间的相互作用尤为引人注目。例如，他说明了陆地的有机物是如何引起湖水变绿并影响水体透明度的；又如周围流域中岩石的风化如何影响了湖泊中的矿物质；再如栖息在湖底的动物与上层湖水中浮游生物生长和死亡的关系。和当时把湖泊视为封闭微观世界的流行观点截然不同，他在1891年时写道：

> 实际上，通过和表层大气持续的气体交换，通过流出水体带走溶质和不溶物，通过支流引入新的物质，湖泊在和世界其他地区交流。

第二点涉及人类。福雷尔认识到湖边的居民实际上是日内瓦湖生态系统的一部分，他们在许多方面都仰仗于湖泊提供的服务，如安全的饮用水、商业性渔业、承担客运和货运的运输水道、在湖边生活的审美乐趣和心理健康。福雷尔观察到，这些价值因人类活动而日趋减少，如水位管理不力、入侵性水生物种的引入以及由下水道进入湖泊的人类病原体污染。人类作为生态系统一部分的观念在大半个20世纪内都未得到充分认可。随着全球变化的影响逐渐加深，以及维持我们从属并赖以生存的生物圈的努力充满挑战，这一观念在今天尤为重要。

湖泊的诞生与死亡

福雷尔在他关于日内瓦湖的三卷本著作的第一卷中花了大量篇幅讨论湖盆可能的起源。他也描述了沉积物在湖中的累积方式，尤其是那些来自罗讷河上游的沉积物。罗讷河发源于冰川，它的河水浑浊且富含矿物质颗粒。沉积物或由入流引入，或由湖中的微生物析出，在湖床上持续累积。这意味着湖泊是地表景观中短暂的存在。自其诞生起，湖泊就不断被填充直至逐渐消失。世界上最深最古老的淡水生态系统，位于俄罗斯西伯利亚的贝加尔湖就是一个引人注目的例子：其湖水最深可达1 642米，但水底下方的湖盆更深，在它超过2 500万年的地质历史里填充了7 000米深的沉积物。

湖泊的起源多种多样：由地壳运动构成的构造湖，冰川侵蚀或退化形成的冰川湖，河流冲刷而成的河成湖，火山口湖，河边湖，陨坑湖和其他类型的湖泊，包括人类建造的池塘和水库。构造湖可能由单个断层构成，如贝加尔湖和坦噶尼喀湖（东非），也可能由一系列交错的断层构成。例如，太浩湖（美国）因断层阻塞，有着长方形马槽状的湖盆，平均湖深300米，最深可达501米。世界上最古老最深的湖泊大多都是构造湖。其悠久的历史让地方特有的植物和动物能够在此演化，换句话说，这些物种只能在这些地点找到。

构造湖和其中地方特有的动物群的例子以东非大裂谷中的湖群最广为人知。这些湖的湖盆已经隔离了足够长的时间，能让其中无数鱼类呈现适应性辐射的现象。马拉维湖有着种类最多的鱼，共超过850种，其中大部分都是地方特有的，分布在11个科中，以丽鱼科最多。在坦噶尼喀湖，共有16个科的鱼类，丽鱼科就有200种。而在维多利亚湖的广阔水域中（6.88万平方千米，最深可达84米），曾一度栖息着超过500种鱼。这些湖都面临着来自农业发展、渔业捕捞和物种入侵的压力。例如，尼罗河尖鲈被引入维多利亚湖后，由于捕食和竞争的增加，以及水质的改变，导致可能多达200种地方特有的物种灭绝。

其他有地方性鱼类生存的古老构造湖还包括日本的琵琶湖，有17种地方特有的鱼类，如琵琶湖巨鲶（*Silurus biwaensis*）；的的喀喀湖栖息着15种地方性鳉鱼和一种巨型水生青蛙（*Telmatobius culeus*）；奥赫里德湖有着地方特有的海绵动物和50种腹足类动物；贝加尔湖容纳着超过1 000种地方性物种，包括浮游植物如硅藻属的贝加尔浮生直链藻（*Aulacoseira baicalensis*），无脊椎动物如端足类、浮游动物优势种贝加尔侧突水蚤（*Epischura baikalensis*），鱼类如贝加尔杜父鱼，以及唯一一种淡水海豹贝加尔海豹（*Pusa sibirica*）。

就总数而言，世界上绝大多数的湖（包括图3中英格兰湖区的湖泊）都起源于上一个冰期：冰川从岩石中凿开湖盆，加深了河谷。这些湖泊包括：欧洲大陆的深水湖如日内瓦湖（310米深）、博登湖（251米深）、马焦雷湖（372米深）和科莫湖（425米深）；苏格兰的淡水湖如尼斯湖（227米深）和莫勒湖（310米深）；北美洲的大湖如密歇根湖（281米深）和苏必利尔湖（406米深）；新西兰南岛的湖如瓦卡蒂普湖（380米深）和豪罗科湖（462米深）。这些冰川运动也在地面上造成无数较浅的凹陷，如在加拿大北部的前寒武纪花岗岩上遍布着只有几千年历史的湖泊，许多这些年轻的极地水体底部只有浅浅的一层沉积物。

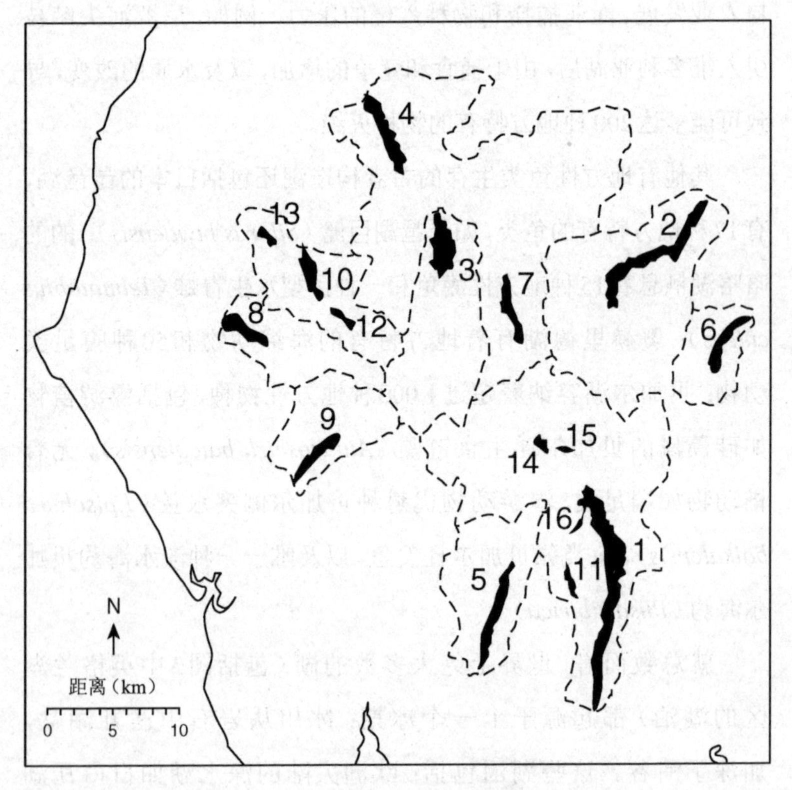

图3　英格兰湖区的湖泊以及其流域。英格兰湖区（表格1）坐落在英格兰西北部，自1920年代以来就是英国淡水生物协会（FBA）进行淡水研究的主要场所，近来则由水文和生态中心（CEH）主导研究。这些湖泊呈轮辐状分布，这种分布形状被认为来自中央穹丘上的放射状排水系统，在更新世冰期，中央穹丘和山谷被冰川腐蚀并加深

表格1　英格兰湖区的湖泊（编号与图3对应）

编号	湖　泊	面积（km^2）	最大湖深（m）	平均湖深（m）
1	温德米尔湖	14.8	64.0	21.3
2	阿尔斯沃特湖	8.9	62.5	25.3
3	德文特湖	5.3	22.0	5.5
4	巴森斯韦特湖	5.3	19.0	5.3
5	科尼斯顿湖	4.9	56.0	24.1
6	霍斯沃特水库	3.9	57.0	23.4
7	瑟尔米尔水库	3.3	46.0	16.1
8	恩纳代尔湖	3.0	42.0	17.8
9	沃斯特湖	2.9	76.0	39.7
10	克拉莫克湖	2.5	44.0	26.7
11	埃斯韦特湖	1.0	15.5	6.4
12	巴特米尔湖	0.9	28.6	16.6
13	洛斯湖	0.6	16.0	8.4
14	格拉斯米尔湖	0.6	21.6	7.7
15	莱达尔湖	0.3	20.0	7.0
16	布莱勒姆冰斗湖	0.1	14.5	6.8

随着冰川的后退，其末端冰碛（堆积的砾石和沉积物）在地表筑坝，提升水位或创造了新的湖泊。这些冰碛拦截而成的冰川湖包括智利南部湖区那些美丽的湖泊，如延基韦湖（317米深，也受火山活动影响）和里尼韦湖（323米深）。南美洲最大（1 850

平方千米）最深（586米深）的冰碛截坝而成的湖有两个名字，因其在巴塔哥尼亚地区而横跨两个国家：在阿根廷被称作布宜诺斯艾利斯湖，而在智利被称作卡雷拉将军湖。在世界上许多地方，随着冰川后退，大块的冰从冰川中断裂开来，被留在冰碛中。它们随后融化并填充了湖盆，被称为“壶穴湖”或“锅状湖”。这种湖在北美洲和欧亚大陆的平原广为人知。

随着冰川和冰盖在地表上摧枯拉朽式地推进，它们的终点可能就是被冰川冰流不断向前推进的融雪湖。当冰川退化，这些“冰前湖”则可能急剧扩张，直至它们的冰坝缩小或被冲破。其中最壮观的例子当属北美洲的两个冰前湖：阿加西湖和欧及布威湖，于上一个冰期形成于劳伦特冰川前。前者的面积在1.3万年前达到最大值，约为44万平方千米，几乎是现今北美洲五大湖群的两倍。大约8 200年前，在位于北哈德逊湾的一块冰盖坍塌后，湖水涌流而出，已连成一片的阿加西-欧及布威湖几乎完全干涸，并使全球海平面上升了超过0.8米。这一灾难性的事件引起了当时海洋洋流和气候的急剧变化，并随之改变了人类迁徙的规律和欧洲的史前农业文明。

最激烈的湖泊形成过程都是火山运动的结果。火山喷发后留下的坑洞被水填充，形成了小规模酸性湖。这种湖泊往往是圆形的。世界上海拔最高的湖泊位于智利和阿根廷边界的奥霍斯-德尔萨拉多活火山口，是一个海拔高达6 390米的小型水体。更大面积的火山湖是在爆发后坍塌的岩浆房中形成的，被称为破火山口湖。已知最大的火山口湖是陶波湖（现有616平方千米，深

186米)，由2.65万年前新西兰北岛中部的超级火山爆发形成。这次爆发喷射出了超过1 000立方千米的物质，其引发的山体坍塌形成了一个巨大的破火山口，并在水填充后形成了湖泊。最近的一次后续喷发发生在约5 000年前。而今天，湖泊内部和附近地区的地热活动则证明，这一地区的地质活动一直处于活跃状态。

小行星撞击而成的陨坑也能够成为湖泊的湖盆。这些湖泊有着极大的科学价值，也吸引了许多人的关注。最有特色的一个例子是曼尼古根湖。这是一个大型（占地1 942平方千米，深350米）环状湖泊，坐落于加拿大魁北克市的中部，由2.14亿年前的一颗直径5 000米的小行星撞击而成。平圭勒湖位于魁北克更北部的亚北极地区，有着近乎完美的圆形轮廓，直径为3 000米（图4）。

图4　平圭勒湖，北魁北克的“水晶眼”

因纽特人很早就知道了这个湖泊，他们相信水晶般清澈的湖水充满了治愈的力量，于是称之为“努纳维克的水晶眼”。其所占据的陨坑于1 400万年前由小行星撞击而成。由于陨坑极深（400米深，现湖泊深267米），平圭勒湖的水体在冰期的冰川厚冰下很可能没有冻结，而成为冰下湖，或许和今天在南极发现的那些冰下湖（沃斯托克湖、威兰斯湖、埃尔斯沃思湖）情况类似。湖沼学家从湖底深厚的沉积物中采样，以提供在几个冰期-间冰期旋回过程中不受干扰的气候记录。

曾几何时，湖沼学家对小型湖泊和池塘不甚关注。然而当人们意识到这些规模并不起眼的小型水体在数量上极度丰富，并占据了地表面积的一大部分时，这种忽视的态度就发生了转变。此外，这些小型水体往往有着较高的化学活性，如温室气体排放和营养物循环。同时，它们也是包括水禽在内的多种动植物的主要栖息地。一个典型的例子是北极的解冻湖（“热喀斯特湖”），由富含冰的永冻土壤（永久冻土）解冻形成。这些湖泊大量出现在北方地表景观中，总面积超过25万平方千米。由于全球气候变化，永久冻土的融化和退化让这些小型水体经历着激烈的变化。在一些地方，它们随着蒸发、填充或排水而消失，而在其他地方则在大小和数量上都有增加。这些水体也是微生物活动的热点地区，微生物将之前储存在冻土里古老的碳转换为二氧化碳或甲烷，然后释放到大气中。

湖泊的水下形状

表现湖盆形状的三维形式或形态测量的等深线图是研究任

何湖泊必不可少的第一步。尽管现在大部分的等深线图都已经数字化了，但世界上仍有部分湖泊没有这一基础数据。一旦有了等深线图，几个重要的数值就可随之计算出来。首先计算的是每个等深区间的面积，往往通过地理信息系统（GIS）的软件包就能完成。这些面积随后可以作为深度标绘在图表上。这一面积–深度图被称为陆高水深曲线，便于确定一些有用的统计数据。

看到贝加尔湖的曲线图（图5），我们会问：这个古老的湖有多大部分湖深超过500米？对于世界上绝大多数的湖来说，答案是没有，因为它们的最大湖深也比这个小得多。但是贝加尔湖的等深线图显示它有三个深湖盆，陆高水深曲线则将复杂的形态测

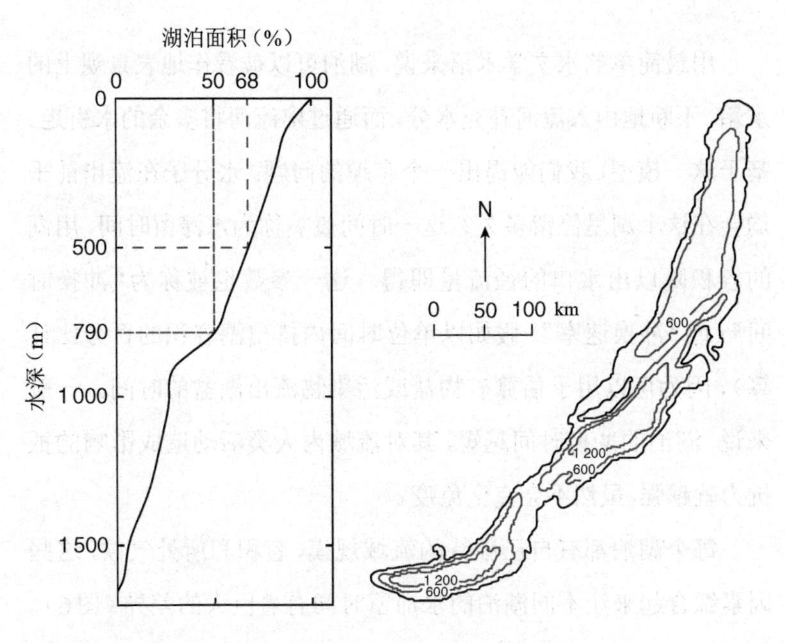

图5　俄罗斯贝加尔湖的等深线图（右）与陆高水深曲线（左）

量结果转换为一条简单的曲线，揭示多达68%的湖面下水深都超过500米。同样，我们也可以根据这一曲线很快看出，有50%的湖面下水深至少达790米。陆高水深曲线上不同深度的数值可以相加以计算湖的容积，对于贝加尔湖来说，这一数值为2.3万立方千米，可将英格兰淹至水面176米以下。湖的容积除以湖的面积则能给出湖沼学上的另一参数，即平均湖深。贝加尔湖的平均湖深有744米。通常来说，平均湖深越大，湖水的透明度就越高，水质也越好。但人类活动会对这一特征造成严重破坏，一如在贝加尔湖所观察到的那样。

水位的起伏

用最简单的水文学术语来说，湖泊可以被看作地表景观上的水箱，不断地由入流河补充水分，而通过出流河将多余的水引走。基于这一模型，我们能提出一个有趣的问题：水分子在流出前平均会在这个湖里停留多久？这一时间值被称为水滞留时间，用湖的容积除以出水口的径流量即得。这一参数也被称为“冲换时间”（或“冲换速率”，假如以单位时间内排出湖容积的百分比计算），因为可以用于估算矿物盐或污染物流出湖盆的时间。一般来说，湖泊的冲换时间越短，其对流域内人类活动造成影响的抵抗力就越强，虽然不会完全免疫。

每个湖泊都有自己独特的流域规模、容积和所处气候，这些因素综合起来让不同湖泊的水滞留时间有着巨大的差异（图6）。例如，作为魁北克市饮用水源的圣查尔斯湖由河床截坝而成，由

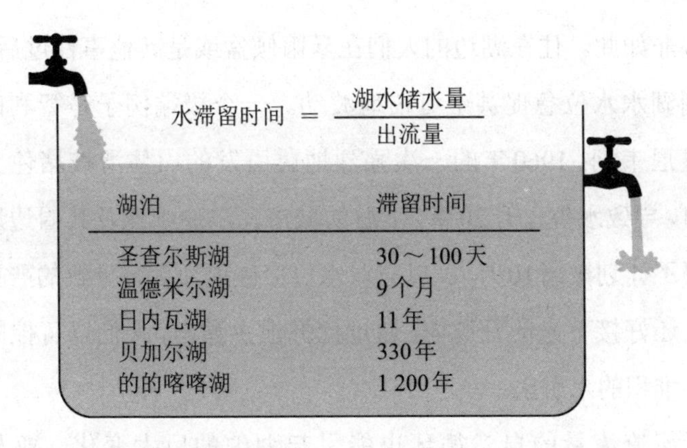

图6　不同湖泊水滞留时间的差异

一个相对湖泊面积（3.6平方千米）较大的流域（169平方千米）灌溉，因此视季节有一至数月的水滞留时间。另一极端是的的喀喀湖，只有相对于容积很小的排放流量，因此其估算的水滞留时间超过1 000年。

另一种更为精确的滞留时间计算方法是考虑这个问题：假如把湖水抽干，需要多长时间才能重新充满？对于大部分的湖泊来说，这一方法所得结果和通过出流量计算的方法所得接近；但对于通过蒸发保持水平衡的湖泊来说，所得结果则要短得多。而的的喀喀湖就属于这种情况，其基于入流量计算的实际滞留时间只有80年（而不是基于出流量所得的1 200年，见图6），因为通过蒸发损失的水比径流损失的更多。缺乏完全冲换过程也意味着盐的浓度更高，水也微咸（盐度约为0.7‰）。

假如进入图6水箱中的水和从出水龙头离开的水总体积一样，那么水箱中的水位就会保持恒定。但对于湖泊而言，情况往往并非如此。住在湖边的人们在暴雨倾盆或是其他事件过后，会看到湖水水位急促甚至可怕地波动。一个极端例子是智利南部的里尼韦湖：1960年的一次强烈地震引发的山体滑坡堵住了出流口，导致水位上升20米，下游的城市瓦尔迪维亚及其周边地区不得不计划撤离10万人，以应对水位突破堤坝后将导致的严重洪灾。还好接下来的几周内，通过挖掘泄洪通道，人们以可控的方式将堆积的水引出。

河流流量的自然循环也能引起湖泊的巨大变化。亚马孙河及其广阔的洪泛平原（葡萄牙语中被称作*varzéa*，意为“低洼地”）就是最明显的例子。许多鱼类都依赖于亚马孙河的年度洪涝周期，以便溯流至沼泽森林以陆生昆虫、蜘蛛、坚果、种子和花朵为食。卡拉多潟湖是亚马孙雨林腹地中众多湖泊中的一个，位于马瑙斯——一个地处内格罗河和苏里摩希河交界的巴西城市——上游60千米。如同该区域的其他湖泊，卡拉多潟湖形状交叉复杂，当湖盆被卡布奇诺色的苏里摩希河水灌满，湖的水位会上升10米，并且面积扩大至原来的4倍。低洼地湖大多都长有浮草，如双穗雀稗（*Paspalum repens*）和多穗稗（*Echinochloa polystachya*）。这些漂浮的草甸随着季节变化生长枯荣，给这些草岛上的昆虫、鸟类和蛇提供了栖息地。

气候变化通过改变入流量及蒸发损失的平衡，对湖泊水位起着主导作用。最瞩目的例子当属撒哈拉沙漠南部边缘的乍得湖。由于水浅（最大深度11米，平均深度1.5米），乍得湖对季节性或长期的降雨变化高度敏感。在过去的50年中，由于气候日

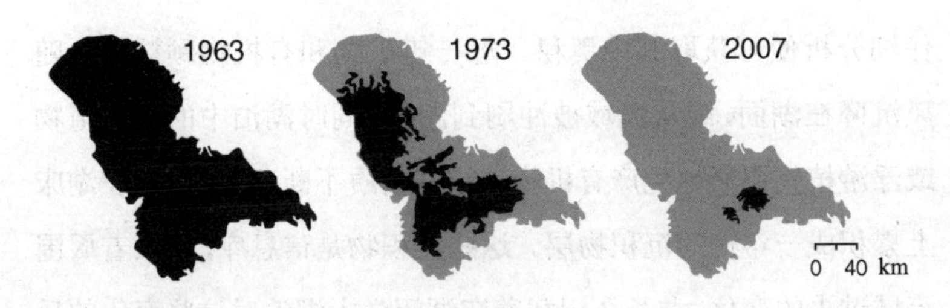

图7 持续干燥环境下中非乍得湖的萎缩

趋干燥，同时又受到截坝、灌溉和围湖造田这些无效人类活动的影响，乍得湖的面积急剧减少（图7）。渔民和农民的暴力冲突时有发生，因为两者对水的需求截然相反。地质记录表明，乍得湖在过去经历了深刻的变化：从曾经超过100万平方千米的大乍得古湖，到如今湖水几近干涸。现在，超过3 000万人都依赖湖水生活，而他们正面临彻底丧失这一资源带来的灭顶之灾。

湖水水位下降也能带来一些惊喜。以色列的基尼烈湖（面积167平方千米，最大湖深43米）也被称为加利利海，在《圣经·新约》中有重要的地位。在1980年代后期的一次干旱中，这一淡水湖的水位下降了9米，显露出一处石器时代的椭圆形小屋聚居地（这一考古遗址现在也被称为奥哈洛二号遗址），可追溯至2.3万年前。这是世界上最古老的人类聚居地之一，也是人类和湖泊长期共存的证据。

湖泊沉积物——历史档案馆

乍得湖是湖泊受环境变化影响的一个极端例子，但即使气候最细微的变化和人类最轻微的活动也会被记录在湖中，只要经过仔细分析便可获取其中奥秘。每一年矿物和有机物颗粒都会随风沉降在湖面，或从流域被冲刷到湖中，同时湖泊中的水生植物或浮游植物不断地生产有机物。这些物质不断沉降，最终在湖床上累积成一年份的沉积物层。这些沉积物是信息库，记录着周围流域过去的变化，并长久记载着在湖沼学上湖泊对这些变化的反应。分析这些自然档案馆的工作被称为古湖沼学（在海洋研究中则被称为古海洋学），而水科学的这一分支为湖泊如何随时间变化提供了许多见解，包括污染物的出现、影响和消失，湖泊内外植被的变化，以及区域性和全球性气候的改变。

古湖沼学的采样过程都是从抽取湖泊沉积物填充采样柱开始的。有许多类型的便携采样仪器可以抽取少量浅层沉积物以分析近几百年的记录，而更大型的钻探设备则可以采集更深的沉积物，把研究范围扩展至数万年乃至更久。比如西伯利亚的埃利格格特根湖是由一颗小行星在358万年前撞击而成的，从其中采得的一根长达400米的沉积物和岩石柱记录了过去360万年内北极气候的连续变化，包括上新世到更新世的转变。在日本由300万年前的地壳运动构造成的琵琶湖，一根1 400米采样柱中上端的250米的湖泊沉积物，则提供了可以追溯到43万年前的记录。

古湖沼学的研究采样一般是在湖泊最深处进行的，以获得湖盆更全面更完整的历史。这些地方通常也是沉积物最多，受底栖动物干扰（即沉积物的生物扰动）最少的地方。在采样柱被带到水面后，其中的沉积物样品将被岩芯桶挤出并分段。上层沉积物的年代一般通过测量放射性同位素铯-137和铅-210的含量，可以确定至约150年前；而更深更古老的沉积物则要通过测量放射性同位素碳-14确定。通过这几种放射性同位素测定法，辅助以插值法，每一层沉积物的年代便可估算。这些标记了年代的沉积物层将被进一步分析，作为变化证据。

从那些采样柱切层而得的样品在显微镜下乍一看只不过是一张毫不起眼的涂片，上面尽是些尺径和形状都随机分布的颗粒。然而，通过仔细的观察，我们还是能够在这些颗粒中分辨出那些尚未分解的陆生和水生生物的残骸，而很多可以识别出它们的起源物种。这些微型化石包括被冲入或吹入湖泊的花粉粒，它们因为有坚硬的外壳而未被分解。由于这些花粉拥有各不相同的外形，它们可以被识别到属甚至具体到物种，因而湖泊的沉积物记录着周围地表环境植物群结构的变化。

湖泊沉积物中信息量最丰富的微型化石是硅藻。这是一种藻类，其细胞壁（硅藻壳）由硅质玻璃组成，可以抵抗分解。每个湖泊基本上都含有数十到数百种的硅藻，每种都有自己独特的环境偏好，每种硅藻独特的细胞壁形状和装饰也便于我们在沉积物的微型化石残迹中将它们识别出来。一种广泛采用的做法是在多个湖泊中采样，分析表层沉积物中硅藻的种群组成，再在它与湖水的某些变量（如温度、pH值、磷含量或溶解有机碳含量）之间建立统计学关系或某种“传递函数”。这种定量的种群-环境对应关系可以应用于同一区域湖泊采样柱中每层的硅藻化石种群组成，这样就可以逐年重建和追算湖泊过去所经历的物理化学变动。其他用于推断环境变化的化石指标包括藻类色素、细菌和藻类（包括引起有毒水华的物种）的DNA以及水生动物的残骸，如介形虫、枝角动物和昆虫的幼虫。

挖掘这种地理历史档案的一个例子是对瓦尔登湖的研究（图8）。瓦尔登湖坐落在美国马萨诸塞州波士顿附近，它是一个壶穴湖，占地25公顷，最大湖深约为30米。这一湖泊在美国文学中享有盛名，因为博物学家、散文作家、哲学家和历史学家亨利·戴维·梭罗从1845年7月4日到1847年9月6日在这里居住了两年。1854年，他出版了《瓦尔登湖》，将他在这里居住的经历和对自然的思考撰写成经典著作。他写道："湖泊是自然景色中最美也最富有表现力的特征。它是地球的眼睛；凝视湖中，人能够衡量出自己本性的深度。"

梭罗在他的日记中详细地记录了许多湖泊的特征，包括湖水上暖下冷的分层。这比福雷尔开始研究日内瓦湖早了大约20年，比康奈尔大学的湖沼学教授詹姆斯·G. 尼达姆出版第一部淡水生态学英文教材早了半个世纪。尽管梭罗自己并不愿意接受科学的

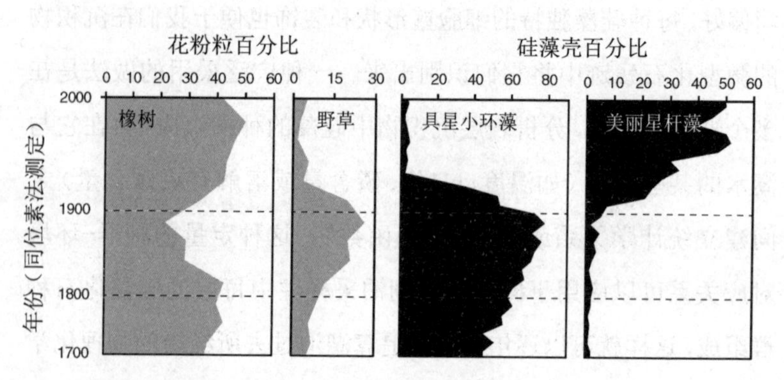

图8　美国瓦尔登湖的沉积物对近300年来环境变化的记录

各个方面，这不妨碍他被视作北美洲的第一位湖沼学家。

图8中的花粉信息由一根28厘米长的沉积物芯给出。野草花粉的增加说明橡树的砍伐和农业用地的扩张，这些变化见证了新英格兰地区早期殖民者的垦荒。讽刺的是，在梭罗体验湖泊和森林的精神价值的同时，全面破坏森林的规模达到了顶峰，80%的土地被砍清，转换成了农业用地。到20世纪早期，花粉记录中的这一过程发生了逆转：因为住在乡村的人们因工作搬进城市，让没有经济价值的耕地重新变成了森林。沉积物中野草花粉的减少和橡树花粉的对应增加说明了这一点。

从对硅藻的分析可知，瓦尔登湖自1880年至今还经历了其他的一些变化（图8）。某些硅藻，如具星小环藻（*Cyclotella stelligera*），先是逐年增加成为显著种，然后突然被一些富营养水体的特征藻取代，如美丽星杆藻（*Asterionella formosa*）。通过研究沉积物中硅藻集群和磷含量的传递函数可以发现，这种导致藻类水华暴发的营养物浓度在1920年后突然增加，与湖中娱乐项目的开发时间正好重合。梭罗独居瓦尔登湖时所享受的自然风光现在每年夏天都吸引了数以千计的游客参观，而为了保证下一代仍能享用到这一标志性湖泊的文化价值和生态价值，我们必须通过持续和仔细的管理予以保护。

第三章

阳光与运动

当波浪在荡漾……湖水的蓝和反射的颜色混合，并随着波浪的形状、大小和方向变化。

F.A. 福雷尔

弗朗索瓦·福雷尔在他关于日内瓦湖的著作中集中阐述了湖泊的物理环境：光线、温度、风、波浪、水流和混合过程。在他于莫尔日的房子附近的港口出入口，他注意到水以惊人的速度和规律在狭小的开口进出。然后他意识到这和整片湖水如跷跷板一般的摇摆运动有关。他和渔夫交谈并从中得知一些奇怪的事：他们布下的渔网经常在深水处被水流拽走，但是方向却和当时的风向相反。他意识到湖水不像充氧鱼缸里的水一样混合充分，而是由不同温度的水层组成，这种分层会随着季节变化而变化。

福雷尔对阳光和湖水之间的相互作用特别着迷。这种兴趣来自观察画家朋友弗朗索瓦·博西昂作画，后者将日内瓦湖五光十色的天空、云彩和水面捕捉到画布上。福雷尔观察到近岸湖水浊度的变化，由清澈到半透明再到浑浊不清。因此，他推测水的透明度是湖泊生态系统健康状况一个简单但有效的指标。今天的淡水科学家对所有这些特征的重要性都有清晰的认识，这些特征决定了湖泊的物理生境特点，并且对其化学性质、生物学性质和生态系统服务都有着强烈的影响。

清澈和浑浊的湖水

在福雷尔开始研究日内瓦湖后不久，他了解到一种测量水透明度的简易方法，成为第一个将这种方法应用到湖泊研究，并为其制定了标准流程的人。这种方法由一个担任教皇科学顾问的牧师彼得罗·安吉洛·西奇设想并提出，以测量地中海碧蓝清澈的海水。他在教宗国海军的“圣母无染原罪瞻礼号”上研究阳光和海洋的关系。他的方法从容又简单，即放下一个白色的盘并记录它不再可见时的深度。

福雷尔从西奇的基础上发展出一个标准化流程：取一个直径为20厘米的白盘，记下白盘沉至消失时的深度，再将白盘缓缓提起，记下重新出现时的深度，然后取两个深度的平均值作为“西奇深度”（即透明度）。西奇用过不同颜色和尺径的圆盘，其中一个直径为2.37米。福雷尔推荐使用直径20厘米的圆盘，除了便携，其效果也和稍大一点的35厘米版本没有不同。他同时使用一个有白色涂层的圆锌板和一个有白色釉质的瓷质餐盘，发现前者更加坚固，而后者的白色保存得更久。如今，在湖泊研究中最为常用的是直径为20或30厘米的金属圆盘，并涂有交替的黑白四象限图案以增加对比度。

透明度的值介于几厘米到几十米间，前者见于水华暴发的高污染水域，后者见于世界上最澄清的湖。世界上水域透明度最高纪录由南极洲的威德尔海保持，在那里，一个20厘米的西奇盘在沉至79米时仍然可见，这接近于纯水透明度的理论极限；而对湖水来说纪录保持者则为美国俄勒冈州的克雷特湖，一个直径为1米的西奇盘（尽管超出福雷尔的标准，但仍符合西奇牧师的要求）在水深44米处仍然可见。

在湖泊与海洋的研究中，阳光在水中的穿透程度可以通过水下光度计（潜水辐射计）更准确地测量。这些测量的结果始终表明，光强随深度的变化是一条锐曲线而非直线（图9）。这是因为阳光在水中向下传播的程度由光子被吸收或偏离光照路径的概率决定；假如光子在湖水中每米损失的概率是50%，那么水深1米处相比于水面的光强只有50%，到了2米则为25%，3米则为12.5%，依此类推。这种指数曲线意味着，除了那些最清澈的湖，只有上层水柱才有足够的能量满足植物和浮游生物（浮游植物）中的光合细胞的生存需要。

水下进行的光合作用或初级生产的深度极限被称为补偿深度。在这个深度，由光合作用固定的碳可以恰好抵消细胞呼吸中损失的碳，所以新生物量的总产量（净初级生产量）为0。这一深度的光强往往是水面光强1%的水平（图9）。在这一深度往上的区域都有通过光合作用产生的生物量，这一区域被称为真光带。更深、光线更少的地方被称为无光带，这里不可能进行光合生长，主要的生物活动限于摄食和分解。

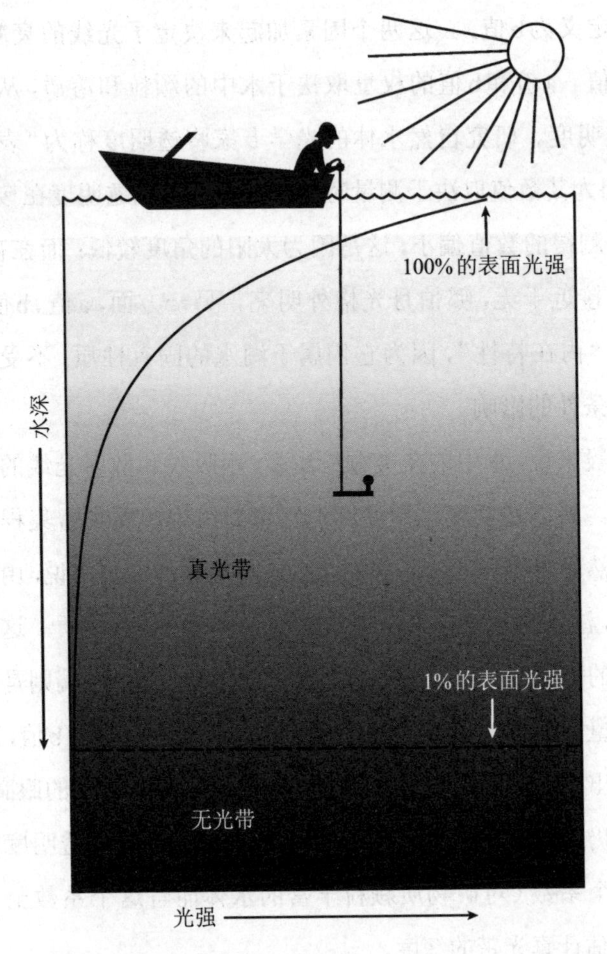

图9　用水下光度计测量得出的湖水透光度

用西奇盘测量透明度能够大致估算真光带的范围：通常1%光强的深度对应透明度的两倍。但是这个方法并不总是准确，因为光子流在水中传播，到达西奇盘并被反射重新回到水面这一过程中会受两种因素影响：吸收（定义为a值）和偏转（又称散射，定义为b值）。这两个因素加起来决定了光线的衰减，定义为c值。a值和b值的权重取决于水中的颗粒和溶质，从而影响了透明度。研究自然水体的光学专家将透明度称为“表观特性”，因为其数值取决于测量时光线的条件。如透明度在接近傍晚时所测得的数值偏小，这是因为太阳的角度较低；而在夜晚，透明度接近于无，哪怕月光格外明亮。另一方面，a值、b值和c值属于“内在特性”，因为它们属于湖水的固有性质，不受测量时阳光条件的影响。

一般来说，水中的藻类颗粒越多，水吸收和散射光线的能力就越强。所以透明度是衡量湖泊富营养污染和藻类富集程度的指标。然而对于环北极带和亚马孙雨林地区的湖泊来说，由于森林环伺，注入的水富含来自森林腐殖土的褐色茶状物质。这些物质对光的吸收能力很强，掩盖了藻类的影响。另一极端则是水中含有大量反射性的矿物质悬浮颗粒。这些水有很高的b值，西奇盘反射出来的光子又被这些悬浮物散射，才回到我们的眼睛里，但它们仍能用于水中的光合作用。所以这种情况下透明度需要乘以一个系数（对矿物质颗粒丰富的水体而言这个系数至多为3）才能估计真光带的深度。

尽管有其局限性，西奇盘在湖泊研究和科学交流中依然是价值很高的工具。查尔斯·R. 古德曼是加州大学戴维斯分校的湖沼学教授。他从1960年代开始基于一系列参数长期测量和研究太浩湖，包括营养物、溶解氧、浮游动物生物量和光合作用。他发现在所有这些湖泊参数中，透明度随时间的下降对政策制定者来说是最容易理解和最有说服力的证据，可以促使他们制定严格的流域管控措施，以保护太浩湖湖水闻名遐迩的澄澈和蔚蓝。西奇盘在当下仍是湖泊研究中的常用工具（通常和其他潜水式光学仪器联用）。由于其价格低廉，操作简便，在世界上许多地方的各类公众外展服务活动和公民监测计划中，都能够找到西奇盘的身影。如北美五大湖管理协会（NALMS）每年都会组织数以百计的湖边居民和来自美国与加拿大各地的游客，进行“西奇盘下水”的活动。

水的颜色

福雷尔对不同湖泊，甚至同一湖泊中不同区域呈现的不同颜色特别感兴趣。他发展了一套液体色标（现在已有手机应用程序），将水按照不同的颜色归类，然后进行实验，试图探究导致这些差异的原因。他无法想象的是，现在各种强大的测量方法都已将水的颜色纳入测量范围，以追踪湖泊、河流、河口和海洋的水质以及其他特性。有越来越多的光学仪器面世，从可以沉入湖中测量不同光谱带（包括紫外线）的断面仪，到可以全年自动测量的锚泊系统，以及从太空持续监测湖水颜色变化的卫星。

根据其中溶解物和悬浮物的不同，湖水有不同的颜色、色调和亮度。最纯净的湖水是深蓝色的，因为水分子能够吸收绿光和红光，后者的吸收程度更高；剩余的蓝光光子则被散射至各个方向，绝大部分都向下，但也有少部分回到我们的眼睛里。有的湖泊，如南极洲的万达湖和俄勒冈州的克雷特湖，其湖水如墨水一般呈深蓝色，仿佛将手放进去就会被染成靛蓝色一样。

水中的藻类一般会引起水色变绿和水质浑浊，因为这些藻类细胞和群落含有叶绿素以及其他捕捉光的分子，能够强烈吸收蓝光和红光，但不会吸收绿光。然而总有特殊情况。有害藻类水华如果由蓝藻引起则湖水为蓝绿色（青色），这是因为它们除了叶绿素以外还有蓝色的藻胆色素蛋白。在英国，一些乡村里的池塘被称为“红绿灯池”，因为它们会在一天之内从绿色变成红色。这是由裸藻门的浮游藻类造成的，它们除了含有光合色素，还有红色颗粒。在光线昏暗或完全黑暗的条件下，这些红色颗粒藏在细胞内部，而亮绿色的叶绿体则完全暴露于外部环境中。然而，当阳光明媚时，红色颗粒会迁移至外部遮蔽叶绿体，以抵御太阳光辐射造成的伤害。某些水产养殖的鱼塘管理员会惊诧地发现，他们那些富含裸藻门藻类的鱼塘会在烈日下突然变成亮红色。其他淡水藻类也能引起水色变红，如引起赤潮的辐尾藻，如含有藻红蛋白的浮丝藻属的蓝细菌，又如遍布世界各地花园中鸟浴盆里的血红色的红球藻。

福雷尔在日内瓦湖入湖口和近岸的水边所观察到的黄色来源于流域冲刷下来的溶解有机质。具体来说这些溶解物是一系列高分子量的有机混合物，被称为腐殖酸。这些茶状物质由树叶在土壤中降解所产生，然后被冲刷到湖中。这些物质以前被称为gelbstoff，从德语直译为英语大意为“黄色物质”。在1895年，福雷尔提到：“湖水中的这些有机物的性质是什么？这个问题还没有得到充分的研究。”在这点上，他是完全正确的，因为在一百多年后的今天，这一问题依然是湖泊和海洋科学中的研究热点。现在这些金色物质被称为“有色溶解有机质”，简称CDOM。由于我们对这些复杂的混合物的化学本质依然只有有限的了解，这一现代词汇仍有些含糊不清。

CDOM一个有趣的特点在于它可以强烈吸收蓝光，并对紫外线的吸收能力更强。因此，CDOM成为河流和湖泊天然的防晒屏障，保护水生生物群免受有害紫外线的灼伤。CDOM对湖泊颜色的影响取决于其浓度。在最高浓度下，太阳光谱内所有波长都被吸收，湖水也被染成浓缩咖啡一般的黑色。而在较低也是更常见的浓度下，CDOM吸收蓝光和蓝绿光，使湖水呈金棕色。在最低浓度下，CDOM吸收蓝光，同时水分子吸收黄光到红光的部分，可见部分只剩下绿光。福雷尔通过一项实验证明了颜色和CDOM浓度的关系。他首先把富含CDOM的棕色沼泽水过滤，然后用清澈的日内瓦湖水将其稀释，再装入一根玻璃底的长管，以便他从底部向天空观察。这时候的水澄清透明，并呈柠檬绿色，同他在日内瓦湖沿岸区入流水和湖水混合处所看到的一样。

神秘的水

水在我们的生活中如此常见，以至于我们对它熟视无睹。我们也不会在打开水龙头或喝一口饮料时把水看作一种化合物。然而水是一种拥有各种奇怪性质的化合物，而且其中一些尚未得到完整的解释。这些性质对湖泊的物理、化学属性以及生活在其中的水生生物有着巨大的影响。

这些奇怪性质的核心是水分子本身，以及它倾向于以不停变化的有着不同大小和复杂度的簇聚集在一起的特性。每个氢原子和氧原子之间都共享一个电子，形成一个共价键，构成水分子。但因为氢原子只有一个带正电的质子，是氧原子的1/8，因此，在这个关系中，氧原子更像是一个老大哥，将带有负电荷的共享电子云稍微拉向自己这边。这导致氧原子带轻微的负电，而两个氢原子带轻微的正电。异性相吸，因此水分子粘在一起，氧原子和其他水分子中的氢原子因为静电力结合成为氢键（图10）。每个水分子最多能够和其他四个水分子形成氢键。尽管仍有争议，液态水中大部分的水分子都是动态地连接在一起，以其中一个氧原子为中心，构成金字塔形的结构（四面体）。

水的另外一个奇怪性质是其独特的密度与温度的关系。通常来说，相比液体形式，物质的固体形式更紧密，密度也更高。然而冰却完全相反，因此可以浮在水面上。这是因为在冰里面，所有的水分子都以氢键和其他四个水分子相连，这样的晶体阵列中分子间距达到最大值。一旦冰融化，液态水分子不再有全氢键相连的条件，这种膨胀结构随之消失，分子变得更致密，导致密度上升。结构的松弛程度会一直随温度的上升而加剧，直至4 ℃左右（准确来说是3.984 ℃，在标准大气压的条件下），此时水的密度最大。而随着温度进一步上升，水分子动能的增加和运动的加剧导致分子之间的距离上升（尽管无法和冰相比），而密度下降（图10）。

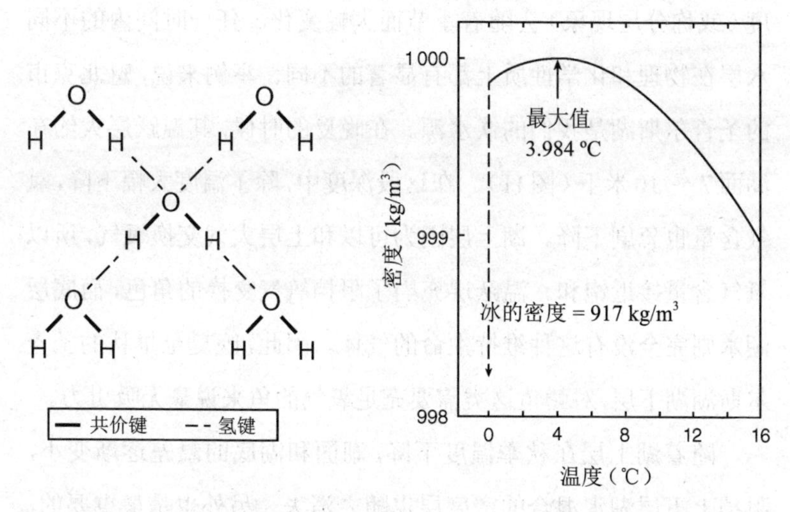

图10　水的氢键和其密度与温度的异常关系

为什么这种密度-温度的关系那么重要呢？对加拿大人和其他北方人来说，这意味着我们对坚硬的固态水会浮在表面上有着十足的认识，并希望它足以支撑我们在冻结的液体上活动，能够让我们冬天在结冰的湖上滑雪、穿雪鞋徒步和开雪地摩托。在全世界范围内更广泛的意义上，它还意味着暖水总是在冷水之上。所以在夏天湖泊温度上升时，一层暖水会浮在底层更致密的冷水上。而这两层水的交界处被称为温跃层，其上下层相应被称为湖上层和湖下层。这两层水除温度不同之外，其化学性质和生物学性质也不同。

湖泊的季节与混合

从冰层覆盖的寒冬到暖水浮在冷水上的炎夏，湖泊的分层程度（或称分层现象）会随着季节而大幅变化。任一时间内的不同水层在物理和化学性质上都有显著的不同。举例来说，魁北克市的圣查尔斯湖是我们的饮水源。在晚夏的时候，其温跃层大约在湖面7～10米下（图11）。在这段深度中，除了温度大幅下降，氧气含量也急剧下降。湖上层因为可以和上层大气交换氧气，所以氧气含量接近饱和。温跃层充当了阻挡氧气交换的角色，而底层湖水则完全没有这种维持生命的气体。因此，晚夏至早秋的圣查尔斯湖湖下层，对鳟鱼这类需要充足氧气的鱼来说毫无吸引力。

随着湖上层在秋季温度下降，湖面和湖底的温差逐渐变小，阻挡上下层湖水混合的密度层也随之消失。另外也是最重要的，由于表层湖水温度下降、密度增加和下沉，形成对流循环，它与风致混合协同，最终导致整个水柱的混合，这被称为湖水对流。此时底层湖水得以补充来自大气的氧气（图11）。而由于所有气体（包括氧气）的溶解度在冷水中更高，在混合期结束后，湖水的含氧量上升至比夏天温暖的湖上层更高的水平。

在气候更加温和的温带，湖在冬天可能不足以冷至结冰。这些湖被称为单循环湖，因为它们只有一次垂直混合时期，即使这个时期很长。随着湖水从秋天到冬天冷却和混合，氧气一直得以补充。世界上的许多湖都是单循环湖，如琵琶湖、日内瓦湖、太浩湖、的的喀喀湖、陶波湖、马焦雷湖以及英格兰湖区的一众湖泊。

相比于水中化学和生物过程对氧气的需求，氧气在水中甚至在冷水中的溶解度都不算高。在所有的湖中，这种至关重要的气体的收支总平衡并不稳定。这对冬天覆有冰盖的北方温带湖来

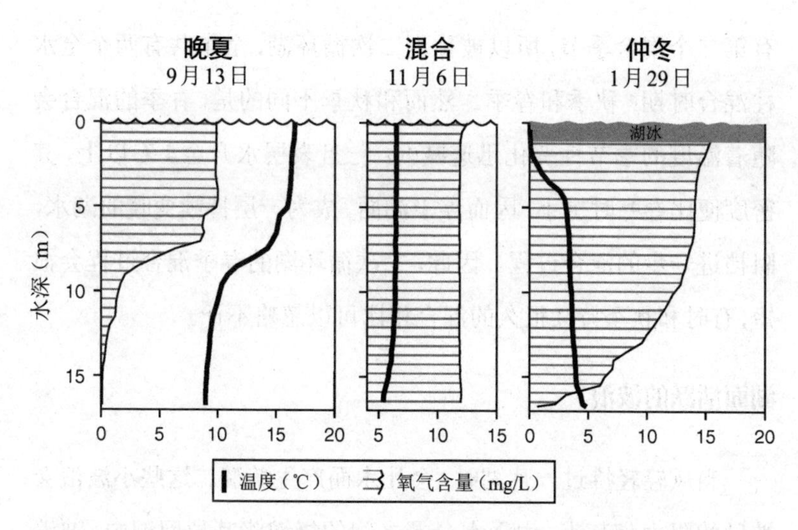

图11　魁北克市的蓄水库圣查尔斯湖的季节性变化。底部刻度为温度［粗线，单位为摄氏度（℃）］与氧气含量［阴影区域，单位为毫克每升（mg/L）］共用

说尤为明显，如圣查尔斯湖（图11）。尽管经过冬天前的冷却和混合，这些湖泊的氧气充沛，冬天的覆冰和积雪却不仅切断了湖水与上层大气的氧气交换，也屏蔽了光合作用需要的光线，阻止氧气的产生。同时，分解作用也在持续消耗氧气，特别是在沉积物中，最终导致底层水完全没有氧气（即缺氧）。在整个冬天，湖泊高度分层，此时冷水（密度较低）浮在稍微暖一点的水上。这被称为逆向分层，因为温度曲线是相反的（冷水浮在暖水上），但水的密度随深度增加而增加，以达到引力平衡。

在春季，湖冰融化后，加拿大人将他们的雪地靴收起，同时湖上层的湖水逐渐变暖至下层的温度。温差消失后，密度差也消失了。在风的作用下，湖水自上而下混合和补充氧气。这种湖因此有第二个混合季节，所以被称为二次循环湖，全年共有两个全水柱混合时期：秋季和春季。然而和秋季不同的是，春季的混合会随着温度的季节性变化迅速减弱：一旦表层水升至4 ℃以上，其密度便比春寒时更小，因而浮于湖面，成为一层持续变暖的湖水，阻挡进一步的混合过程。因此，二次循环湖的春季混合过程会很短，有时和秋季持续很久的混合相比可以忽略不计。

湖面活跃的波浪

当风轻轻拂过一片湖时，会让水面产生涟漪。这些小波浪会被风的阻力带起来，由于水分子之间的氢键将其拉回湖中，波浪又跌入波谷。这些小波浪被称为毛细波，强调这种恢复力来自毛细级别的水分子作用力（也就是表面张力）。这种小波浪的最大波长是1.73厘米，周期不超过1秒。随着风力越来越强劲，这些波浪会被拉得更高，此时的恢复力则由重力主导。当风速高于每小时25 ～ 30公里时，或当波浪进入更浅的近岸地区时，顶层的波浪运动得更快，拉长了底部的波浪并破碎产生白浪，这使得表面水得到强烈的混合和充氧。重力波浪的最高纪录在北美五大湖，波幅（即波谷到波峰间的距离[①]）高达8米。但是因为湖泊上的风达不到海洋上的规模，大部分的波浪都不足50厘米高。

乍一想，表面重力波浪有着大量的能量，似乎足以混合湖水。波浪的确能引起底层水运动，尤其是一系列的环形运动，其直径

① 波幅的实际含义为波偏离水平中线的垂直距离，应为波谷到相邻波峰间垂直距离的一半。原文应有误。——编注

随深度指数性下降，但不足以充分混合水柱。这种波浪运动在湖泊沿岸区（近岸区域）能够使细小的沉积物重新悬浮，这说明细小的沉积物只能在远离湖岸的地方积累。在深水区，这种波浪的影响无法穿透。沉积物重新悬浮和积累的临界深度被称为“泥沙沉积边界深度”，这一深度取决于风暴事件引发的波浪波高以及沿岸区湖底的坡度。然而，湖泊更充分的混合不依赖于这些活动的波浪，而依赖那些对大多数湖泊游客来说不太明显的、更缓慢的波浪。

湖面上下缓慢的波浪

福雷尔在他的自传中指出，他最喜欢的一个研究课题是湖泊如同钟摆一般缓慢的摇摆运动。这种现象在日内瓦湖很知名，以至于当地人用瑞士法语方言给这种现象取了一个名字——*seiche*，意为“假潮”。这个名字现在逐渐被世界各地的科学家使用，以描述湖泊这种无处不在的现象。假潮最明显的特征是湖水水位的改变，起伏周期为数分钟至数小时，尤其是在靠近岸边的地方。

福雷尔通过构想和安装各类水位连续记录仪，包括一个便携式记录仪，对日内瓦湖和其他湖泊的假潮做了仔细的观察。他初步尝试推导一个假潮的数学理论，但对这个尝试感到沮丧，并在自传中后悔地承认大学时放弃了修一门有用的微积分课程，只因为那个老师特别没有启发性（这也是给所有教授上的一课）。

但福雷尔有其他的热情和天赋，包括和欧洲及世界上其他地方的科学家建立良好的关系。他联系了当时一位著名的物理学家，即后来被册封为开尔文勋爵的威廉·汤姆森。汤姆森帮福雷尔把一个笨拙的等式简化成一个优雅的形式：

$$P = 2L/\sqrt{(gh)}$$

其中P是湖水水位起伏的周期，L是湖泊的长度，g是引力常数，h是平均湖深。福雷尔正确地猜想到假潮是横跨整个湖泊长度的驻波，而且还伴有振幅更小的次级波。

那么这些振动的根源是什么？福雷尔得到正确的结论：假潮来源于风，它持续地将湖水吹向和推向湖的一端（图12）。这种"设定"好的条件让湖水水位在下风向一端高，上风向一端低。但这种水位并不稳定，一旦风停下来，湖水会向后晃动并在另一端升得过高。这种跷跷板运动会持续至湖面初始错位的势能最终被耗尽为止，就像钟摆最后停止下来一样。

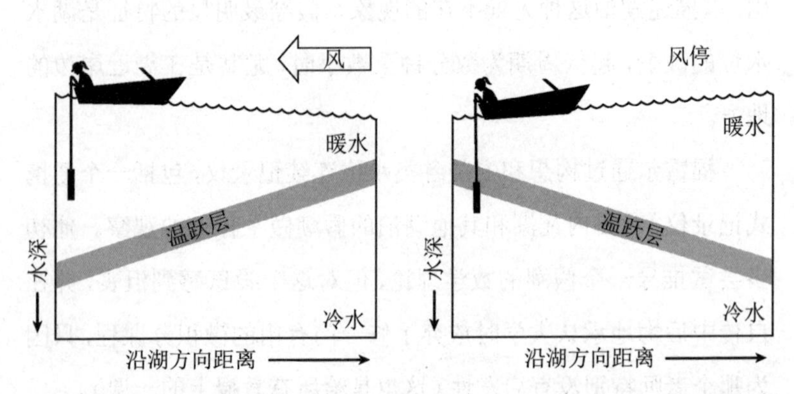

图12　表面假潮由风将水吹向湖泊的一端而引起，其引起的内部假潮可以作为温跃层的一种振荡来检测

假如知道假潮对湖泊最大的影响在湖面以下，福雷尔应该会感到很惊讶。这种影响可以达到温跃层的深度，那里的波动和混合会影响氧气与养分的运输。他的研究表明温跃层深度可以在短时间内变化，但是他当时没有把这种变化和表面水位的变化联系起来。直到欧内斯特·M. 韦德伯恩和其他科学家做了苏格兰湖泊的经典研究后，“内部波”或“内部假潮”的本质才被揭示出来。当湖水被风堆积在湖的一端时，覆盖在湖上层的质量更大的水会把温跃层向下推。而当风停下来，温跃层会再次上升并且过高，然后持续地振荡直至初始势能耗尽。

图12给出了温跃层的风致运动的一个总体概念，但是需要进一步的说明。假潮在垂直方向的规模被夸大了，而且没有体现假潮的一个重要特点，即内部假潮比湖面假潮更慢且周期更长。例如在日内瓦湖，沿湖泊主轴的湖面假潮周期约为74分钟，而主要的内部假潮（伴随其他更高频的更小的波动）周期则长达3天，远比风诱导起势而致的湖面假潮散去所需的时间长。图中的淡水科学家需要固定地守在湖面几个小时到几天，才能正确合适地观察到缓慢的内部波运动。然后她会从所得的水下热剖面注意到，任意深度的湖水温度都在逐渐上下波动，而在温跃层的内部和附近变化最大。

由于多种原因，淡水科学家对内部波保持着浓厚的兴趣。首先是波幅的问题：这些内部波的波幅可能是巨大的。表面假潮是空气与水界面的错位，由于两种流体的密度差，哪怕是下风端水位（和相应的势能）小幅度的上升也需要消耗大量的风能。因此，湖面假潮的幅度通常较小，介于几厘米到几十厘米之间。当然也有例外，如伊利湖上风暴引起的5米高的假潮。另一方面，对于内部波来说，上层水和深层水之间的密度差异很小，特定水面错位带来的同样势能在作用时产生的温跃层错位很大。在深水湖如太浩湖中内部波的初始阶段，底层水在垂直方向上的错位可能高达100米，引起在上风端的湖水上涌。这种上涌将营养物带到真光带，刺激了藻类的生长。

湖泊和海洋中的水运动受地球自转偏向力的影响，内部波也不例外。随着波在温跃层的振荡，它们在南半球的湖中会偏向左边，在北半球则向右。这种所谓的“科里奥利效应”对水运动的影响相对较弱，但在中型到大型湖泊中可观察到它以两种方式影响着内部波。第一种效应会将波困在湖边，并引导其以逆时针（北半球）或顺时针（南半球）方向运动。开尔文勋爵首次发现这一存在于大型湖泊、大气和海洋中的现象，并予以正式定义。“开尔文波”这个名字同样很好地引用了这位帮助福雷尔发展假潮理论的物理学家的名字（也许开尔文勋爵在讨论的过程中启发了自己关于波的想法），因为这种波对许多湖都有重要影响。例如在日本的琵琶湖，开尔文波会被台风季节的强风激活，有时能到达湖面，把冰冷且营养丰富的水带到表层并绕湖做环形运动。

受科里奥利效应影响的第二种内部波发生在远离湖岸的湖泊主体处，被称为“庞加莱波”，得名于杰出的法国数学家和理论物理学家亨利·庞加莱。这两种波的波幅都很高。例如图13显

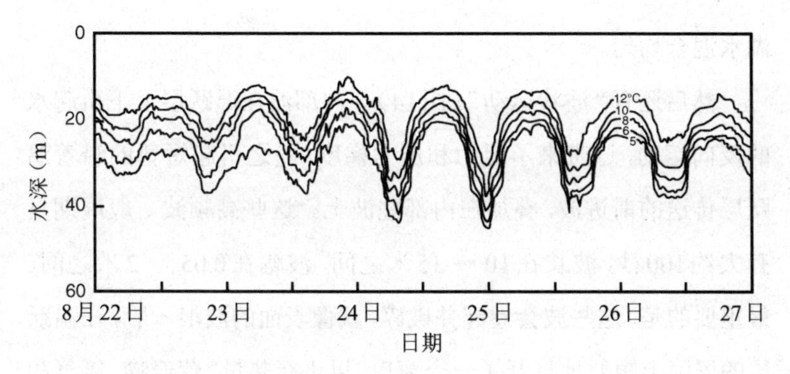

图13　安大略湖温跃层的庞加莱波

示了位于加美交界的安大略湖一个固定采样站测得的五天温度数据。观察所得的波的性质令人惊讶，波谷到波峰的距离高达25米。庞加莱波比近岸的开尔文波的周期短得多，但仍比表面假潮长得多。在安大略湖，庞加莱波的周期是16小时（图13），而开尔文波为10天，沿湖泊主轴的表面假潮为5小时。

湖泊生物学家和生物地球化学家都对内部波特别感兴趣，因为这些内部波对分层湖水的混合有着决定性的作用。如图11所示，这些分层湖水在温度、氧气含量及其他性质上都极为不同。这些由波引起的湖水水平运动延伸至湖床：随着水在湖盆中前后滑动，一种振荡的湍流在沉积物上穿梭，将颗粒向上带至一个叫作“底栖边界层”的区域并在那里悬浮。这种水的流动和混合将氧气带到沉积物中，并加速其他化学物如氮和磷在湖床与湖水之间的交换。与浮游生物特别相关的是，在初始和随后的振荡中，倾斜的温跃层会把深层水带到表面，并让这些深层水参与表面混合。这把营养物从深水区挟带到真光带，并引起水平流动，帮助湖水混合均匀。

然后还有“波状运动”（图14）。内部波在温跃层上下引起水的反向运动，这带来了阻力和压力梯度，随之引起短暂的沿着温跃层传送的前进波，叠加在内部驻波上。这些高频波一般周期只有大约100秒，波长在10～15米之间，波幅在0.05～2米之间。最重要的是，这些波会卷起并破碎，就像表面的波浪一般，在温跃层的屏障上短暂地打开了一个窗口，以进行热量、营养物、氧气和颗粒的交换。这些层状流体中的波状运动效应被称为“开尔文-亥姆霍兹不稳定性”（依然得名于开尔文勋爵，但这次联同著名的德国物理学家赫尔曼·冯·亥姆霍兹）。天空中的云有时也会出现这种不稳定性产生的涡旋，这是由于冷暖空气的混合所致。波状运动的出现取决于温跃层中的速度梯度。这种现象可能在湖边出现，引起营养物供应和初级生产活动的增加；或在湖心出现，促使整个湖泊内的藻类生长。

图14　横跨温跃层的波状运动。这些波动由前进波发展而来，对湖上层和湖下层的物质进行滚动搅拌、破碎和混合

湖中的水流

与湖面假潮和内部假潮相关的振荡流动只是湖水各种眼花

缭乱的大量运动的一部分而已。福雷尔指出，在最大的维度上，即在整个湖泊的层面，从入流河到出流口必定会有一个净流量。而且他建议从地表景观的角度考虑，可以把湖泊视作扩大的河流。当然，这种如河流一般的流动不断地受到来自水的风致运动的干扰。当风刮过水面时，会连带水产生一个下风流，这必然会被深处水的回流所平衡。它解释了为什么日内瓦湖的渔民会发现，撒在深水处的渔网会被拉向一个和盛行风相反的方向。

在大型湖泊中，随着湖水从湖的一侧转移到另一侧，地球的自转有足够的时间施加其微弱的作用。因此湖面的水不再沿直线前进，而是被引导为两个或更多个环形运动或者涡流。这些涡流能把湖边的水快速卷入湖心，反之亦然。所以涡流有着巨大的影响，可以将水及其携带的物质快速地从一处转移至另一处，这些物质包括污染物甚至有毒藻类。这会形成惊人的水流图案。例如，日本琵琶湖拥有被认为是世界上最美的涡流（图15）。与科里奥利效应无关的是，即使在小一点的湖泊里，风致水流和湖岸线的相互作用也会导致水在湖边做单个的环形流动。

在更小的层面上，刮过湖面的风会引起下风处水的螺旋运动，被称为“朗缪尔环流”。这个现象由杰出的美国科学家欧文·朗缪尔在马尾藻海首次发现。在大洋的这片海域，相邻但方向相反的螺旋水运动把海面的浮物聚拢到一处。这些浮物主要是马尾藻属的海藻，会累积形成长条的平行线。湖泊中常能观察到这些螺旋运动，它们沿着风的方向，把泡沫（在有白浪的日子里）或光滑的油状物（在风不大的日子里）聚拢成规则间隔的直

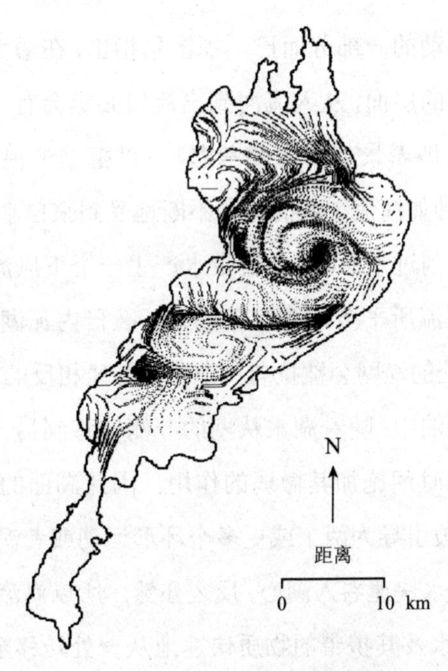

图15　日本琵琶湖的涡流，数据由科研船只"发现号"配备的声学多普勒流速剖面仪测得

线，并和风向平行。

在这个简单讨论水运动的章节还必须提及密度流。它们在世界上绝大多数湖泊中都发挥着重要的作用，包括日内瓦湖。如同分层现象，这种现象由水的密度-温度关系引起。寒冷的河水进入温暖的湖泊时，会因密度更大而沉入底部，而且会继续向前流相当长的距离。在日内瓦湖，来自罗讷河上游富含沉积物的寒冷河水进入湖中后，会立即潜至湖床并沿后者前行数公里，切割出一条被称为罗讷谷的沟谷。利用多波束回声测深仪对沟谷的测量表明：在某些地方，沉积物以每年几米的速度被侵蚀；

而在其他地方，河水挟带的沉积物则累积在底部。通过这种方式，这个水下沟谷成为湖底一个不断变化的蜿蜒峡谷，也成为冰川入流水的水渠和蚀刻通道。密度流对近岸和远岸水的交换起着巨大作用，对初级生产力、深水充氧和污染物的分散也有潜在的影响。

第四章

生命支持系统

据我所知，没有严格的分析可以表明，有任何湖水是完全不含微生物的……

F.A. 福雷尔

弗朗索瓦·福雷尔认为微生物广泛存在，这在大体方向上是正确的。但是，他却没能猜测到，支撑起自然水体生态的微生物有着惊人的多样性和丰富度。即使从最清澈的湖中舀起的一杯水，也蕴含着一个看不见但又拥挤的世界：在这之中也许悬浮着十万个光合细胞，一千万个细菌细胞，和一亿个“野生病毒”，而这些肉眼都看不见。在很长一段时间里，淡水生态学家都对这些共栖在均匀的表层湖水中的不同种藻类细胞感到困惑。G. 伊夫林·哈钦森是最知名的湖沼学家之一，他将这种共栖现象称为“浮游生物悖论”：为什么一种生物不会通过竞争以获得有限资源，从而将其他的生物赶尽杀绝？随着新的分子生物学和生物化学技术的发展，微生物那令人叹为观止的多样性更为显著了。如同我们现在知道“人体微生物组”，即生活在我们体内和体表的微生物群，会影响我们的健康状态，“水生微生物组”

也对湖泊生态系统的健康运作和系统对环境变化的反应起着至关重要的作用。

太阳能经济

地球上几乎所有的生态系统都依赖太阳的能量输出，要么是直接从当前进行的光合作用中获取，要么就是间接地通过过去光合作用合成所累积的生物质，以及之后微生物和动物对它的消耗来获取。旧植物材料的循环使用对湖泊来说尤为重要。理解其重要性的一个方法是测量二氧化碳浓度，它是分解作用在表层水的最终产物。这一数值往往高于有时甚至远远高于和上方大气达到溶解平衡时的值。这说明许多湖泊都是二氧化碳的净生产者，将这种温室气体排放至大气中。这是怎么回事呢？

要找到这个问题的答案，我们要把目光放到充水的湖盆以外去。湖泊不是封闭独立的微观系统，相反它们处在地表景观当中，并和周遭环境紧密相连。湖中的有机物由浮游植物产生，它是一种悬浮在水中的光合细胞，能够在湖中固定二氧化碳、产生氧气，并为水中的食物网底层提供生物质。在湖边阳光能够到达底部的区域，附生藻类（周丛生物）和水下植物（水生植物）也能在此生长并进行光合作用。但除此之外，湖泊还是其流域地表径流的下游接收者，除了接收水以外，还有随溪流、河流、地下水和地表水冲刷下来的土壤有机碳以及植物补给。

从流域进入湖泊的有机碳被称为“异源碳”，意思这些有机碳是从外部进入湖泊的。而且因为这种有机碳是由之前陆地上的植物生产的，所以年份相对较为古老。与之相反的是，沿岸区的植物群落和浮游植物通过最新光合作用合成的有机碳则要年轻许多，它们供应着微生物和食物网。这些有机碳被称为“自源碳”，意味着这些有机碳是在湖泊内部合成的。这些年轻的溶解有机物大部分都是小分子，会很快被湖泊中的微生物消耗掉，是碳和能量的首选来源。另一方面，大多数异源碳由腐殖酸和富啡酸组成，后者从地表植物材料衍生而来。这些茶色酸都是含有有机碳环的大型聚合物（图16），可以抵御多数细菌的分解，不过还是会被某些真菌分解掉。

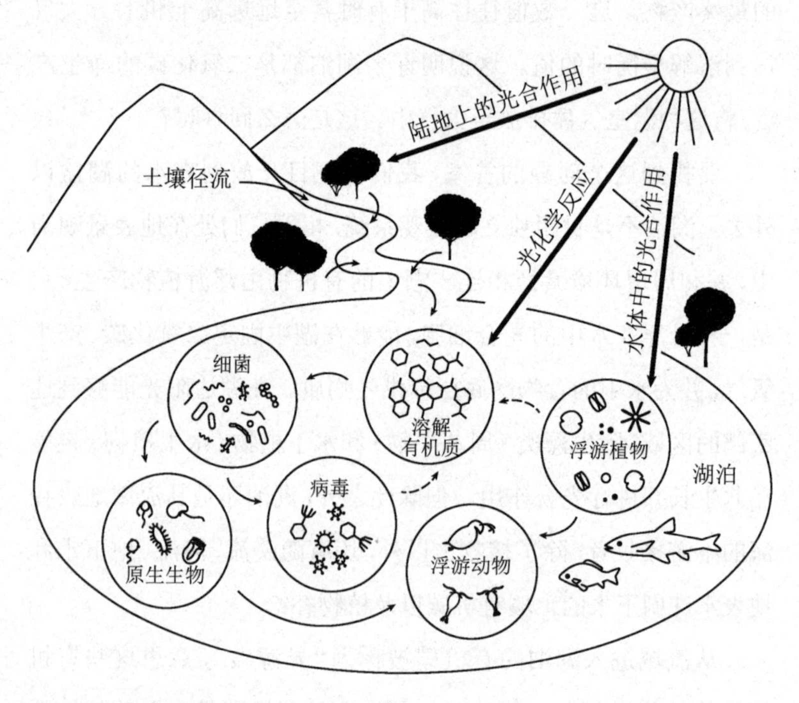

图16　从阳光到多种微生物和水生食物网

人们一度以为，大多数进入湖泊的溶解有机质（DOM），尤其是带颜色的部分，在化学上都不活泼。这些有机物会在通过湖泊时保持不变，并最终从出流口离开。但是，许多实验和实地观察都显示这些有色物质会被阳光部分分解。这些光化学反应会产生二氧化碳，同时将部分有机高分子降解为有机小分子。这些小分子又会被细菌利用并分解为二氧化碳。这种由阳光驱动的化学反应从河流开始进行，并在湖泊表面水层继续。其他在土壤中进行的化学和微生物反应也会分解有机物质，并将二氧化碳释放到径流和地下水中，进一步导致了湖水中的浓度变高，并被排放到大气中。在充满藻类的“富营养化”湖中，充足的光合作用可以降低二氧化碳的浓度，直到湖水与空气的平衡值以下，从而引发这种气体从大气向湖泊的逆向流动。

失衡的氧气

尽管湖面上大气中的氧气似乎取之不尽，湖泊中氧气的收支平衡却并不是稳定的。当氧气几近甚至完全被消耗时，这一氧气平衡会产生巨大的赤字以至于湖泊出现氧气破产。氧气浓度在2 mg/L以下的水体被称为“低氧”，大多数鱼类都会避开这种环境。而水中完全没有氧气的时候被称为“无氧”，大多是适应力极强的特殊微生物的领域。例如，亚马孙温暖的水域在夜间会转为无氧的状态，鱼类必须迁移到氧气充足的浅水区或到亚马孙河里，而捕食种如鲶鱼就在这些充氧的水域中以逸待劳。在许多温带湖泊中，春季和秋季的混合期对湖水从上层大气中再次获取氧气来说很重要。然而在夏季，温跃层会大幅降低氧气从大气到深水的转移速度；而在寒冷的季节，湖水覆冰又是充氧的另一层屏障。在夏冬两季，湖水在之前春秋两季所补充混合的氧气可能会被迅速消耗，变成无氧的状态。

湖泊长期处于无氧危机的部分原因在于氧气在水中的溶解度很低，导致水中的氧气储存有限。氧气在空气中的浓度为209 ml/L（体积百分比为20.9%），但在冷水中的溶解度只有9 ml/L（体积百分比为0.9%）。温度越高，氧气在水中越显稀缺（从4 ℃至30 ℃，氧气溶解度会下降43%）。而由于在暖水中细菌的分解更快，所以对于呼吸的氧气需求就更高，因此加剧了这种稀缺。此外，微生物对这种珍稀资源的需求本身就很高，这是因为湖泊是整个地表景观中分解作用非常活跃的地方，充斥着大量的耗氧细菌，从流域进入以及自湖中产生的有机碳是这些细菌的燃料（图16）。

识别不可见的世界

1904年，福雷尔在他关于日内瓦湖微生物学的描述中指出，尽管细菌无所不在，但是人们不需要害怕它们："绝大多数这种微小的生物都是无害的。"也许它们是无害的，但是考虑到它们巨大的种群数量和物种数量，以及在功能上的多样性，它们绝不是微不足道的。直到最近，要识别现存的细菌和它们在湖泊生态系统中的特定功能都是不可能的。因为大多数细菌都不能被带入培养皿中，而且也无法仅仅通过在显微镜下观察就进行识别和区分。然而到了今天，基于核酸测序的方法让人们无须经过问题重重的培养就可以分析湖泊的样品，尤其是针对DNA（脱氧核糖核酸）的测序可以用来检测种群中的基因，而针对RNA（核糖核酸）的测序可以检测基因在生产蛋白质过程中的表达。这些分析能够揭示湖泊种群中非常多样的活跃微生物和微生物功能，这些元素共同组成了湖泊的微生物群系。人们对许多微生物属和微生物物种仍知之甚少，同时每年又会发现新的微生物和微生物功能。

微生物群系由四个微生物组组成，而这四个组分各自又有着巨大的物种多样性和功能多样性。规模最小、数量最丰富，也许是最多样的组分当属病毒。这些微缩版的寄生物会攻击细胞并且对其进行重新编码，以生产更多的病毒颗粒。这些颗粒一般介于20～200纳米（毫米的一百万分之一）之间。每种细胞类微生物都有自己的一组病原病毒，而由于细菌是微生物群系中最丰富的细胞，大多数在水中自然发生的“野生病毒”都是细菌寄生物，被称为“噬菌体”。但是其他的病毒会攻击微生物食物网中的其他组分，这可能会引起这一食物网季节性的变化，而变化的程度尚未得到很好的认识。一组被称为“巨型病毒”的病毒（拟菌病毒及其同类）吸引了许多关注，因为它们有着大尺寸（超过250纳米）和能够寄生于变形虫及藻类的特点。还有其他一些攻击水生动物的病毒，如寄生在鱼类中的“传染性造血组织坏死病毒”（IHNV），这种病毒会使鳟鱼和鲑鱼感染，并导致渔场中的鱼大量死亡。

一旦病毒的后代在繁殖阶段完成组装，会引导宿主细胞进行“溶胞”（即爆裂），并从宿主细胞中释放出来。这一过程会将细胞的其他物质释放到水中。这些物质会作为基质被逃过病毒攻击的细菌吸收利用。但这一胜利不会持续太久，因为它们可能又会被病毒感染，或被原生生物吃掉，后者又会被浮游动物吃掉（图16）。这种有机碳从一个细菌通过溶胞转移到另一个细菌，并最终到原生生物的分流过程被称为“病毒分流”。在一些湖泊和海洋环境中这可能占据了总碳流的10%。病毒还有另外一个角色，即在宿主之间转移DNA片段，这会修改宿主细胞的基因或授予它新的基因，并将这种改变一代代传下去，前提是宿主在这场旷日持久的微生物战争中得以幸存。

微生物群系的第二个组分就是细菌本身，细菌“生命之树”的许多分支（门）都能在湖泊中找到。认识这种丰富性和多样性的其中一个方法就是用荧光染料将湖水样本中的细胞染色，过滤后放在一层薄膜上，并用荧光显微镜观察这层薄膜。你会看到样本像银河一样群星闪耀，发着荧光的细胞有着不同的尺寸和形状，大多数都是球形的（即球形菌），也有椭圆形的（即棒状菌）、螺旋形的、肾形的和丝状的。在这个微生物星系中，大部分细胞都非常小，直径介于200 ～ 400纳米，以至于福雷尔无法用他的标准显微镜看到。这些所谓的“超微细菌”的优势就是比表面积很大，这在湖泊环境中可以增加它们碰撞并吸收（通过细胞外膜上一些特定的“传输”蛋白质）有机分子和营养物的机会，而这些化合物在湖水中的浓度并不高。

最普遍的细菌门类是变形菌门，湖水中有三个最显著的亚门：α-变形菌，β-变形菌和γ-变形菌。其中以β-变形菌数量最多，占据了总浮游细胞数的70%。β-变形菌当中包括了一个恰如其名的属*Limnohabitans*[①]。这种细菌似乎能够利用浮游植物释放的有机物质快速生长，从而抵抗捕食和病毒攻击的双重压力。另一种在全世界湖泊中都常见的β-变形菌——多核杆菌属，能够有效利用复杂的有机物质，包括从流域来的腐殖酸分解产物。一类在氮循环中起重要作用的β-变形菌叫亚硝化单胞菌属，它们能通过消耗大量氧气将铵根离子（NH_4^+）氧化成亚硝酸盐。

γ-变形菌大部分分布在海水中，但在湖水中也有两个值得提及的科。甲基球菌科包括几个以甲烷为碳源和能源的属，如甲烷球菌属和甲基杆菌属，常见于能够产生甲烷的无氧环境，如湖泊沉积物的表层。另一个科是肠杆菌科，包括最臭名昭著的大肠杆菌（*Escherichia coli*）。这一细菌由奥地利儿科医生特奥多尔·埃舍里希从婴儿的粪便中分离得来，因此以他的名字命名。大部分大肠杆菌都不致病（尽管有一些危险的例外），但它们仍是监测湖泊的饮用水源和游泳区是否受到人类大便污染的指标。除了大肠杆菌中的感染性菌株，这种污染可能还包括其他水传播疾病的病原体，可能引起诸如霍乱、肝炎、伤寒和胃肠道疾病等病症。

① 直译为“湖沼生物”。——编注

湖泊中的大多数细菌都是分解者，能将有机物转为矿物质，如二氧化碳、铵根离子、磷酸根离子和硫化氢（H_2S）。除了这一重要的分解回收功能，一些细菌还擅长将无机物分子转换为能量来源（如硝化细菌），另一些则依赖阳光生存。后者在荧光显微镜下呈明亮的橙红色球体，在染色细胞组成的细胞群中尤为明显。这些是“微型蓝细菌”，虽然比分解者大，尺寸却还是很小，在2微米以下。它们或许不曾被福雷尔用标准显微镜观察到，但也许是日内瓦湖，乃至绝大多数湖泊和海洋中数量最为丰富的光合细胞。它们在荧光显微镜下之所以呈橙红色，是因为除了叶绿素以外，它们还有蓝色和红色的蛋白质色素能够吸收光线并发出荧光。

古核生物是微生物群系的第三个组分。古核生物有着细菌的部分特征，如尺寸小、形状各异和“原核结构”，即没有细胞核和其他更高级的真核细胞（包括我们人类自己的细胞）所有的细胞结构。然而这种简单的结构掩饰了它们在基因和生物化学性质上不寻常的特征，这些特征使得它们和细菌以及真核生物如此不同，乃至被微生物学家分类为生命系统的第三个域。其中一些古核生物在自然水域中发挥着重要的生化功能，如生产甲烷及氧化铵根离子。

湖泊微生物群系中最后但绝对同样重要的一个组分是真核微生物。这些微生物有着更加复杂的细胞核结构，也叫“原生生物”，包括在历史上根据功能分出的两个大类：光合原生生物或藻类，它们通过捕获阳光进行光合作用并利用二氧化碳作为碳源；以及无色原生生物，它们以从湖水中吸收或从细菌中提取得来的有机分子作为能源。即使是最健康的藻类在生长和繁殖的过程中也会释放一些光合作用的产物到湖水中，而在被病毒胀破或被浮游动物破坏时则会放出更多有机物质。假如这些有机物质没有被细菌摄取并随后被原生生物捕获的话，它们就会永远消失在食物网以外。这一碳恢复过程被称为“微生物循环”，其中的一部分能量和碳会随浮游动物上行到食物网的上端，并最终为鱼类所用（图16）。

不久之前，生物学家仍以碳和能量的来源为依据，对生物界做出明确的划分：无机对应有机，光合作用对应捕食行为，植物对应动物。但是原生生物并不严格遵守这种划分，因为它们当中的许多个体能够在动物和植物的生活模式间转换。这种依赖于混合能量来源的生物被称为“混合营养生物”，而且在大多数湖水中都很常见。这种生存策略让它们既能通过光合色素获得太阳能，又能利用环境中已有的有机物所含的化学能。它们对细菌的捕食特别有效，因为这些微小的细胞已经通过辛勤劳作收获了湖水环境中的有机分子和营养物。这些细菌细胞因此能够给混合营养型原生生物提供高浓度高能量的套餐，正如它们给无色的鞭毛虫和纤毛虫等非光合原生生物提供的那样。

重要的循环

湖泊的微生物群系在食物网中担任多种角色，从生产者、寄生者到消费者，并且融入动物的食物网中（图16）。此外，这些多样的微生物群落还在湖泊生态系统的元素循环中占着举足轻重的地位，这是通过它们的氧化（失去电子）和还原（得到电子）反应实现的。这些生物地化过程不仅有学术上的意义，还完全改变了元素的营养价值、流动性甚至毒性。例如硫酸根是天然水体中氧化程度最高、硫元素最丰富的存在形式，也是浮游植物和水生植物为满足自身生化需求而吸收的离子。这些光合有机体将硫酸根还原为有机硫化合物。而在它们死亡并分解后，细菌会将这些化合物转化为臭鸡蛋味的气体硫化氢，这种气体对大多数水生生物都有毒。在无氧的水体和沉积物中，这种转化效应被硫还原细菌进一步放大，直接将硫酸根还原为硫化氢。还好另外一些细菌，即硫氧化菌，可以把硫化氢作为化学能能源，在充氧的水中将这种还原态的硫转化回到无害的、氧化态最高的硫酸盐形式。

碳循环是生态系统功能的核心（图17）。微生物在其中承担着完成许多关键转化的功能，但是矿物化学的作用也很重要。无机碳通过三种方式进入湖泊：气态的二氧化碳，碳酸氢根离子（HCO_3^-）和碳酸根离子（CO_3^{2-}）。碳酸根离子主要来自流域中石灰石（碳酸钙）和白云石（碳酸镁和碳酸钙）的风化；二氧化碳从大气、入流和呼吸作用进入湖泊，后者往往来自细菌分解有机物质的过程。这三种形式之间有着如下化学平衡：

$$2H^+ + CO_3^{2-} \rightleftharpoons H^+ + HCO_3^- \rightleftharpoons H_2CO_3 \rightleftharpoons CO_2 + H_2O$$

这个平衡式对湖泊的酸碱平衡非常重要，因为碳酸根和碳酸氢根离子能够接受酸质子（氢离子H^+），这意味着进入湖泊的

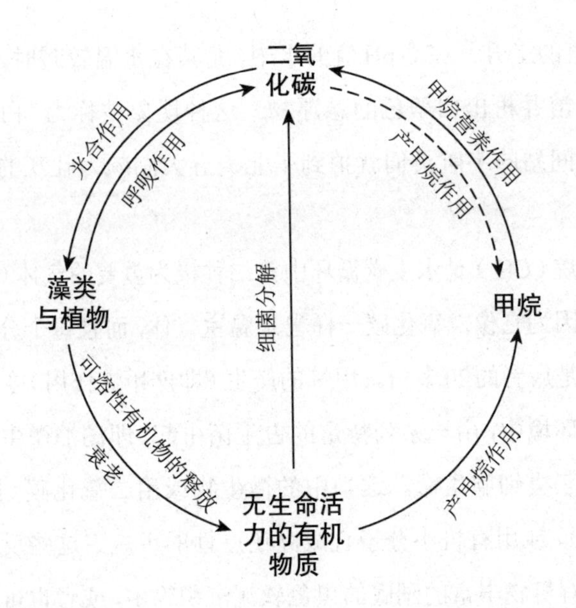

图17　水中的碳循环

酸性物会很快被中和。但是，这种酸中和能力（或称“碱性”）在不同的湖泊之间差别很大。许多欧洲、北美洲和亚洲的湖泊因为没有足够的碳酸根来中和由大气工业污染引起的持续的酸雨，其pH值已经下降到了一个危险的低位。酸性环境对水生生物有负面作用，包括将铝元素转化为溶解度更高但毒性更强的离子形式，即Al^{3+}。幸运的是，在多数发达国家，这些工业排放已经得到管制并减少。但是在某些流域，酸雨仍有持续影响，导致碳酸根离子和相应的钙离子长期缺乏。

光合微生物、浮游植物和水生植物会持续地消耗二氧化碳。为了弥补短缺和保持平衡，无机碳的化学反应平衡会被推向右边以补充被消耗的二氧化碳，而在这一过程中会消耗质子，从而引起pH值的上升。在高pH值的水中，尤其在水温较暖时，碳酸盐不再可溶并析出白垩色的悬浮物。这种现象被称为“白垩化”。国际空间站的宇航员们就拍到了北美五大湖颇为壮观的白垩化现象。

甲烷（CH_4）是水生碳循环中第二种极为重要的气体（图17），尤其是因为它像二氧化碳一样也是温室气体，而且每个分子的升温效果是后者的20多倍。甲烷的产生（即产甲烷作用）主要发生在无氧环境中，由一系列特定的古生菌引起，即湖泊微生物群系中的第三类细胞生命。这当中的微生物或用二氧化碳（图17中的虚线），或用有机小分子合成高还原性的甲烷。这些反应大多发生在有机物丰富的湖底的黑色软泥沉积物中，或者也可能在缺氧的底层湖水中，或者同时发生在湖泊的湖水和沉积物中。这些湖泊在冬季处于无氧状态。

湖泊在冬季产生气体的一些令人印象深刻的例子可以在北极苔原找到，这里分布着大量的热喀斯特湖。这些生态系统储藏着丰富的土壤有机碳，而这些有机碳是在冻土解冻或被腐蚀时进入湖泊的。它们在湖面冻结后迅速被细菌分解，同时造成氧气急剧下降，而冰面下的无氧湖水成为古生菌生产甲烷的理想生化反应器。在湖冰上钻个洞就可以看见气泡冒出来，这是冬季累积下来的甲烷。从这个口喷出的气体可以被点燃，在冰雪和湖面上产生壮观的火焰。

有机分子中的碳处于还原态，而碳价态最低的有机分子是甲烷。甲烷被氧化回到二氧化碳则会完成这一碳循环（图17）。大部分的颗粒或溶解有机碳都来自死去的藻类和植物，它们的分解过程由许多种可以分解各式各样的有机基质的细菌完成，同时这些细菌会从中获取大量能量。而甲烷的氧化则由少数的几种被称为“甲烷营养菌”的细菌完成。这些细菌一般只在氧气和甲烷混合的狭小区域出现。而值得一提的例外是夏季的热喀斯特湖。当覆冰融化时，大气中的氧气重新进入水体，这个同时充满甲烷和氧气的环境成为甲烷营养菌的天堂。一如所料，这些微生物组成了这些热喀斯特湖在夏季解冻时期细菌群的主体，有时超过总数的10%。

氮循环比碳循环复杂得多。这体现在循环涉及的分子和离子种类、氧化态以及参与循环的特定微生物上（图18）。氮气是大气中含量最多的气体，在湖泊中也一样。但是氮气分子（N_2）中的氮氮三键极度稳定，很难被破坏。有一些蓝细菌可以通过酶催化完成这一过程，其中最出名的是引发水华的浮游植物长孢藻（之前被称为鱼腥藻），以及能够分泌果冻一般的薄膜与球体的底栖属念珠藻。但总体来说，固氮作用并不是湖泊生态系统主要的氮源。例如，威斯康星州的门多塔湖是世界上被研究得最多的湖泊之一，最早由湖沼学家中的先驱爱德华·A. 伯奇和昌西·朱代着手研究。这里每年都会有蓝细菌水华暴发，包括那些能够固氮的物种，但是通过生物固氮从大气中所得的氮还不足所有进入湖泊的氮的10%。

同一般的湖泊类似，大部分进入门多塔湖的氮是从流域注入的入流、空气区（局部或区域性的大气）的降雨降雪以及风中携

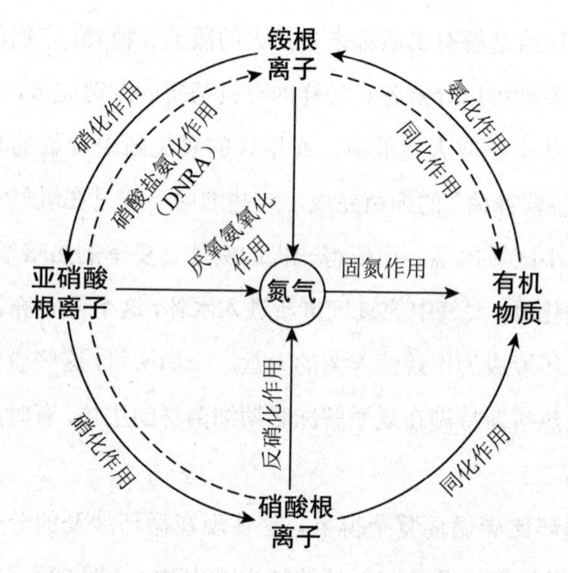

图18　水中的氮循环

带的尘埃中获得的。这些氮是以硝酸根离子（NO_3^-）、铵根离子（NH_4^+）和其他各种各样的溶解或颗粒有机物的形式进入的。这些含氮物质有的在浮游植物细胞生长过程中被摄取吸收（即图18中的同化作用过程），而当细胞死亡，这些有机物质最终会被分解成有机氮和有机铵（氨化作用）。

有几个作用会将有机氮转换回氮气。铵根离子是浮游植物偏好摄食的氮形式，除此之外也能被一些特定的细菌（和一些古核生物）氧化成亚硝酸根离子（NO_2^-），随后被其他细菌氧化成硝酸根离子。有些硝化者叫“全程硝化菌”，能将铵根离子一路氧化到硝酸根离子。从这些离子的化学式就可以看出，每个氧化到最高价态的氮原子都需要三个氧原子，导致这些硝化者对氧气的需求极高。在富营养湖的底层水中，由于这种极高需求，不稳定的氧气平衡会被打破至彻底无氧状态。

在无氧条件下，其他细菌会主导氮的转换。有些菌种能够将硝酸根离子转为铵根离子，这一过程被称为硝酸盐氨化作用。它还有个更拗口的名字，异化性硝酸盐还原为铵（DNRA，见图18）。另一类对湖泊重要的细菌能够将硝酸根离子转为氮气，后者随之逸出并进入大气。这种反硝化作用会降低湖泊生态系统的氮总量。氮循环中还有一种特定的细菌叫作厌氧氨氧化细菌。这些把硝化作用和反硝化作用结合起来的细菌（浮霉菌门的成员）可以应用在水处理技术上，将含氮废水转为氮气排放到大气中。而且不像反硝化细菌，它们并不需要多少有机碳作为营养补给。

磷的生物地化循环包含另一套氧化和还原过程，对湖泊生态系统也很重要。该元素往往是藻类生长的限制因素，也是湖泊因生活垃圾和农业肥料发生富营养化的重要成因。不像碳和氮，磷没有气态形式，是以悬浮颗粒和溶解物的形式（如磷酸根离子和溶解有机磷）从流域的岩石和土壤中进入湖泊的。总磷量（TP）指所有溶解和颗粒态磷的总和，是衡量磷的指标，其浓度可从清澈的贫营养湖的10 ppb（十亿分之一，又称十亿分率），到富含藻类的富营养湖的100 ppb。

湖底的沉积物中存有数量巨大的磷。尽管当中大部分都被隔离在表层湖水以外，有些在合适的条件下还是会释放出来并被运走。这种现象首次由杰出的湖沼学家克利福德·H. 莫蒂默发现并描述。他用英格兰湖区的温德米尔湖的沉积物做了一个经典的实验，将沉积物铺在一个水族箱的底部，并在上面灌满湖水，然后测量和氧气损失相关的化学变化。一旦氧气耗尽，沉积物中的溶解铁和磷酸盐就会大量进入水中。现在通过微电极可以更精确地展示这种现象。通过检测磷的新型电极可知，从北美五大湖中最浅的伊利湖采集来的沉积物，在有氧转为无氧的情况下，会使表层和上层水体的磷浓度上升一万倍（图19）。

沉积物表面的这些化学变化有几种机理。莫蒂默在猜想中正确地指出，含氧的沉积物中，大部分磷附着（吸附）在不溶性铁或氢氧化铁（Fe III）上。在无氧的情况下这些氢氧化铁被还原成可溶的亚铁价态（Fe II），这让磷得以释放到上层水体中。同时，

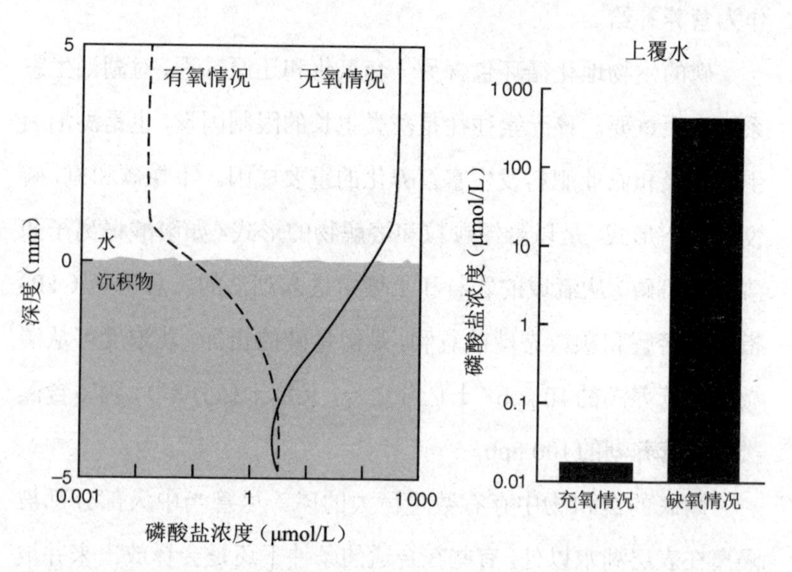

图19　伊利湖沉积物在充氧和缺氧（无氧）情况下磷的释放

在无氧状态下，还原硫酸根离子的细菌会产生硫离子，后者和铁结合，导致氢氧化铁吸收磷的能力下降。除此之外，含氧沉积物表面可能附着一层能够在内部以多磷酸盐颗粒隔离磷的细菌，而在无氧的条件下它们会将这些磷释放出来。当然其他的因素也会强烈影响这个生物地化反应，包括铝、钙、有机碳和pH值。不出意料的是，这些因素对这一化学变化的影响在不同的湖之间相差巨大，有的甚至对无氧条件毫无反应。然而在一些富营养湖中，一旦这种有氧-无氧的临界值被突破（图19），从流域中进入湖泊后在沉积物中积累了几十年的磷就不再安定。这些被释放出来的磷会加速富营养化并阻碍改善水质的工作。

生产区域

由于当时的技术限制，福雷尔不可能意识到支撑湖泊自然循环的丰富微生物的多样性。而我们也是到了现在才了解到这些物种基因的丰富性，以及它们的关系所构成的复杂网络。但福雷尔意识到，根据食物网底端的光合群落，湖泊可以明确地分为两个区域。在近岸区域（即沿岸区），大部分的初级生产者都是水生植物，其中一些植根于沉积物中并完全被水淹没，而另一些则将叶子浮在水面或伸出水外。在较浅的湖泊和池塘，这些水生植物或称“水生大型植物”，以及它们附属的微生物会主导这一生态系统的总体生物生产。福雷尔对日内瓦湖繁茂的水生植物印象深刻，他在1904年写道：“这些水生植物组成了真正的水下森林，就如同山岳间最美丽的森林一样美丽如画，神秘迷人。”这些“森林”是水生动物的重要栖息地，同时能够捕获营养物和影响水流。

在离岸更远的地方，即湖沼区或浮游区，它的美丽更多体现在微观层面：水中的浮游生物网包含各种带有色素的细胞，它们有不同的尺寸、形状和颜色，其多样性令人震撼。这些藻类浮游生物或浮游植物能够捕获光以进行光合作用，一直到真光带的底部都能生长。这一界限也划分出底部以及沿岸区的离岸程度。尽管如此，对于单个植物种类来说，也会有其他因素限制其生长范围，如水压、基质种类以及植食动物如淡水龙虾。湖泊更深的地方属于深水区，在这里生命住在永久的黑暗之中，并依靠上层沉降的有机物质存活，尤其是那些从真光带不停沉降下来的浮游植物细胞（详见第五章）。

绝大多数湖泊都含有上百种浮游植物，主要可以归为四大类。第一类是最重要的硅藻，它们拥有高度装饰性的硅质玻璃外壳。这些藻类细胞可以通过标准显微镜观察和鉴别。福雷尔于1904年就它们在日内瓦湖食物网中的重要地位写道：

> 硅藻会被轮虫吃掉，轮虫随后被桡足虫吃掉，桡足虫又被水蚤吃掉，水蚤又被淡水白鱼吃掉，淡水白鱼又被狗鱼吃掉，狗鱼最后可能被人类或者水獭吃掉。

玻璃是一种重物质，因此许多硅藻受重力影响会下沉离开真光带，然后累积在沉积物中。硅藻的全年最佳生长时期在春秋两季。在这个时候，湖泊的充分混合运动能够使这些重型细胞保持悬浮在水中，同时阳光和营养物也很适合它们进行光合生产。世界上许多湖泊，包括温德米尔湖，都有长期的硅藻记录，这些记录显示了硅藻每年规律性的兴衰。这些硅藻季节性的死亡通常都是由于湖水开始分层并停止混合。浮游动物的捕食以及寄生生物的攻击则会进一步加快硅藻在下沉过程中的快速消亡。

在浮游植物中还有常见的非游动性绿藻。这些绿藻在大小和形状上相差巨大。最小的在2或3微米以下，被称为“微微型真核生物”。它们数量丰富，但通常需要DNA技术来鉴别。在另一个极端，有一些绿藻能够形成大的细胞集落。比如，只存在于日本琵琶湖的琵琶盘星藻三角变种（*Pediastrum biwae* var. *triangulatum*），能够形成直径接近0.1毫米的集落。世界上许多湖泊中的常见种球囊藻（*Sphaerocystis schroeteri*），也有类似甚至更大尺寸的凝胶状集落。这些集落颗粒如此巨大，以至于浮游动物无法捕食，因此集落尺寸大能够有效抵御捕食者。

浮游植物的第三大类是可以游动的光合物种：植物鞭毛虫。这当中包括藻类的几个门以及许多物种，它们无论在生态学还是颜色上都不同。这些运动细胞通过鞭毛驱动自身游过黏稠的液态环境。其中一些物种，如金棕色的分歧锥囊藻（*Dinobryon divergens*），有大小鞭毛各一个，能够形成跳动的树形细胞集落（图20）。其他的一些物种则有两个等大的鞭毛，如绿藻门的单衣藻。在这些能运动的浮游植物中，庞然大物当属棕色的双鞭毛虫门物种飞燕角甲藻（*Ceratium hirundinella*）。它广泛分布于世界

图20　植物鞭毛虫分歧锥囊藻集落。它的每个细胞介于10～15微米长，系混合营养型微生物：既可以细菌为食，亦可利用阳光进行光合作用

上的许多湖泊中，细胞长度可达250微米，能够每天在上层湖水中上下游动。

第四大类是蓝细菌。更广为人知的是它们之前的名字——“蓝绿藻”，得名于它们细胞内绿色的叶绿素和蓝色色素蛋白质结合呈现出的独特颜色。这当中包括超微型浮游种（微蓝细菌）以及能形成大型集落的物种如铜绿微囊藻（*Microcystis aeruginosa*）。蓝细菌总体来说偏爱温暖的环境，所以它们的大型集落在晚夏到秋季尤其丰富，可能会导致水华暴发并严重影响水质。

浮游植物的总量和组成提供了有关湖泊生物生产力和水质的重要信息。最严谨的方法是在一个玻璃底的圆柱里灌满湖水并静置，然后用一个倒置显微镜透过玻璃观察沉积在玻璃片上的浮游植物。这种分析方法不但非常耗时，而且也要求显微镜前的人有着高超的观察能力，以区分碎屑和藻类细胞，并鉴别藻类的种类。

另一种辅助性的方法是测量叶绿素a的含量。叶绿素a在所有浮游植物中都有，包括蓝细菌。我们可以通过高压液相色谱测量藻类的辅助色素，作为进一步估计浮游植物多度和其中包含哪些种类的依据。对大多数的样品来说，高压液相色谱会显示捕光色素的存在，如硅藻中的岩藻黄素和双鞭毛虫中的多甲藻素，以及各种各样保护细胞免受强光伤害的色素，如绿藻中的叶黄素和蓝细菌中的海胆酮。

这把我们带回到了哈钦森的悖论：这么多不同的种类是如何在浮游生物的微观世界中共存的？他给出了几种可能的解释，其中一个是这一群落可能处于不稳定的状态。由于湖泊的环境一直在变，今天的优胜物种到了明天就不再风光，这导致了混合的物种来不及在势头扭转之前把失败者完全排斥干净。这种观点在基因组分析的时代得到了进一步的发展。这种分析方法揭示了湖泊微生物群系中浮游生物的多样性远在哈钦森预料之外。微生物学家提出“稀有生物圈”的概念：包括浮游植物在内的大部分微生物物种的数量都少，在大部分时间内都生长缓慢甚至停滞，同时数量最多的物种承受的被病毒攻击和被摄食的压力也最大。以一个湖泊的规模，即使每毫升湖水内只剩下几个细胞，整个湖泊中的细胞数量也还是巨大的，它们对冲了灭绝，也成为下次优势条件到来时的接种物。

第五章

终端是鱼的食物链

弱小者会成为强大者的猎物，后者又会被更强大的吞噬；或者如果它们逃过一劫，也无法避免微生物的降解。这是所有生命体直接或间接服从的规律。

F. A. 福雷尔

弗朗索瓦·福雷尔在他的自传中回顾了他在湖沼学研究中最让他激动的时刻，也就是发现日内瓦湖湖底动物的时候。在位于莫尔日的家里分析离岸湖底沉积物中的波纹时，他首次察觉到它们的存在。当时他把一个沉积物样品放在显微镜下分析其成分，突然一个像蠕虫一样的生物闯入了他的眼中，并把眼前的矿物颗粒粗暴地推开。他对这种如此有生命力的东西感到震惊，然后马上开始猜测这种动物是不是栖息在日内瓦湖沉积物的最深处。假如是的话，那么“深水区并不是荒漠，而是一个深渊中的社会”。

那天晚上，福雷尔制作了一件底栖生物采集器，以获取日内瓦湖更深处的沉积物，而第二天的研究为他的学术生涯开辟了一片新的领域：他发现在深水区（图21）居住着各种各样的无脊椎

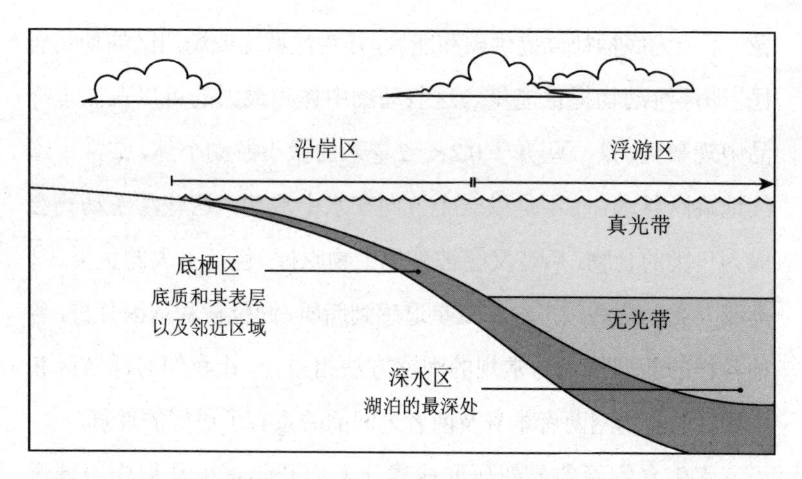

图21　湖泊的生态区

动物，直至湖底300米左右深。这些居住在湖底的动物，或称“底栖”动物社群，依赖沉降的有机物质生存，尤其是从表层水沉至湖底的浮游植物。福雷尔把这种来自上层水的持续供给称为“他人餐桌的残羹冷炙”，并且意识到底栖社群“收集了沉到底部的所有东西”。它们继而成为其他动物的食物供给，如在底部猎食的鱼类，同时沉积物中的细菌会将来自各处的有机物回收，分解为可溶解的营养物。大约在40年后，美国生态学家雷蒙德·L. 林德曼提及福雷尔在食物网、细菌分解和回收方面的“才华横溢的阐述”。在关于明尼苏达州赛达伯格湖的博士研究中，林德曼进一步建立并发展了这些理念，同时基于能量流和碳流定量地提出了“营养动力学”的概念，其中底层沉积物中的细菌和碎屑组成了连接食物网所有成分的枢纽。

在水柱的上方，第四章中描述的生命支持系统（原生生物和细菌）不但为底栖社群提供碳和能量，还为浮游区或湖沼区的动物居民，即浮游动物提供能量。这些动物中体积最大的可以在湖水样品中观察到，是一些介于0.2 ～ 2毫米的微小游动个体，常常不连续地跳跃移动，而不是以一个方向在水中滑动。这些浮游动物会成为鱼类的食物，后者又会被其他生物吃掉，包括更大的鱼类、鸟类或人类。从高频声波和卫星遥感到脂质、同位素和基因分析，各种各样的新型技术与常规的观察方法相结合，让我们对浮游区和底栖区的食物网两者本身及两者之间的关系有了更好的理解。

水生食物网的最新研究成果让人们开始重视从周围流域进入湖泊的物质。这些物质来自陆生植物和土壤，为水生动物提供碳和能量的补充，并满足了它们在这方面的需求（图16）。外部环境对湖泊食物网的另外一种影响来自流域以外，即入侵物种。这当中的一些动植物是人为地被引入以“改善”生态系统，其他的进入则是意外，而且这种意外因人类的活动如划船和垂钓等而越来越频繁。许多情况下，这些入侵物种会剧烈地干扰原有的食物网，给湖泊提供的生态系统服务造成严重的破坏。

底部的生命

福雷尔把那个在他的显微样本中愤怒地蠕动的“可怜虫”鉴定为线虫或者圆虫的一种。实际上，湖泊的沉积物中栖息着三组重要的类蠕虫动物，归属于动物界中完全不同的门类。线虫是最丰富可能也是物种最多样的一组。这些像线一样的无脊椎动物通常长0.2 ～ 2毫米，在湖床中每平方米最多可分布100万只。这些最小的个体其数量也是最丰富的，大多数生活在沉积物上方几毫米间。人们已经发现近2 000种淡水线虫，但这个门类尚未得到很好的研究，因此人们估计还有数千种线虫亟待发现。它们在食性上也不尽相同，有些吃水生植物、原生生物和小型无脊椎动物，有些则是大型动物的寄生虫。另一些在湖泊沉积物中数量众多的线虫则以有机颗粒（碎屑）、细菌和微型真菌为食。

第二组是寡毛虫或称环节蠕虫。有些寡毛虫在湖泊的污泥和裂缝中移动与钻探，一些特定的种类如夹杂颤蚓（*Peloscolex variegatum*）只能在氧气含量很高的沉积物中存活。寡毛虫的一个主要亚类红线虫，能够分泌管状的黏液和颗粒，并垂直嵌在沉积物中。这种动物活在这些管道中，并把头埋进沉积物中进食，同时把尾部穿过管道伸入上层水中摆动以吸氧。这些寡毛虫因为带血红色的色素所以颜色鲜艳，能帮助它们在低氧的环境中存活。最典型的两种是正颤蚓（*Tubifex tubifex*）和霍甫水丝蚓（*Limnodrilus hoffmeisteri*），它们常在受有机物污染的沉积物中出现，是水质不良的指标。

湖泊沉积物中类蠕虫动物的第三组实际上是昆虫的幼虫形态，特别是蚊蝇类昆虫（双翅目）。最常见的幼虫是不咬人的摇蚊科蠓虫，包括5 000多种已知的种类。这些幼虫是底栖鱼类和其他动物喜爱的食物，而且分布密度极高，在每平方米湖泊沉积物中可达上万只。由于体积比线虫大很多，摇蚊常常在底栖群落中就生物质而言占主导地位。它们当中许多物种都有喂食管，且能用身体运动制造水流把充氧水拉过来。这种挖掘活动让它们成为“生态工程师”，能够极大地改变沉积物中的氧气条件和生物地球化学性质。如同其他大多数底栖动物，在沿岸区，这类生物的物种多样性最丰富，数量最多（图21），这归功于这里的基质多样性、植物和藻类的碎屑以及从流域进入的有机物质。但是对中型到大型湖泊来说，沿岸区的面积相对于深水区很小，所以深水区的湖泊总生物质也许会更大。

摇蚊在湖泊科学中占有很重要的地位，这是因为德国普伦水生生物实验室的主任、杰出的动物学家奥古斯特·蒂内曼对这种动物的研究最感兴趣。他的一位异国同事、水生植物学家埃纳尔·瑙曼，在瑞典隆德建立了湖沼学研究所的科研站，并基于藻类浓度发展了一套湖泊的分类方法。他把这称为湖泊的营养状态（trophic state），源于希腊语*trophikos*，意为“营养物”。他将湖水分为贫营养（水质清澈，浮游生物数量少）和富营养（浮游生物数量多）两大类。蒂内曼采纳了瑙曼这一在今日广泛使用的分类方法，并提出在这两种营养状态下摇蚊群落的组成完全不同。例如长跗摇蚊属在贫营养湖中很常见，而摇蚊属会在低氧的富营养湖中出现。两位湖泊科学家于1922年在德国基尔举行的一个成立大会上联手创立了国际湖沼学学会（SIL）。

软体动物是另一类在湖底数量丰富的动物，有两个分支：腹足纲（即腹足类）与双壳纲（即蛤蜊和贻贝）。一些特定的鱼类会吃腹足类动物，后者会在沿岸区的水生植物间寻找避难所。在这个栖息地，它们会吃碎屑和覆在植物及沿岸区湖底的藻类生物膜（即附着生物）。蛤蜊以它们的生命周期长而闻名，可达几十年，而部分珠蚌的分布机制令人印象深刻并以此闻名。这些蛤蜊有可以伸出壳外的鳃膜，外形如小鱼一般（有时甚至含有色素，可假装成眼睛）。这片鳃膜会随蚌壳一起跳动并引诱捕食的鱼类前来。一旦鱼类张口咬下，鳃膜会突然张开并释出叫"钩介幼虫"的繁殖体。这些幼虫会寄生在毫无警觉的鱼的鳃上，然后长成小蚌，直至足够重并最终从鱼鳃跌入远离其亲本所在的沉积物中。

第三类构成大部分底栖动物生物质的是端足类动物，也被称为淡水虾或"飞毛腿"。它们是甲壳亚门的清道夫，大多以碎屑为食，有近2 000种在淡水中生活。虽然看上去只有一个物种在主导着群落，DNA分析却表明，它们当中有许多隐藏的种类，外形相同但基因不同。在贝加尔湖，人们可以观察到最大规模的适应性辐射。这里至今鉴别出了260种地方特有物种，另有80个亚种，估计还有数百种亟待鉴别。福雷尔发现，在日内瓦湖深水区的沉积物上有一种"盲虾"很常见，其学名为*Niphargus forelii*。这一物种

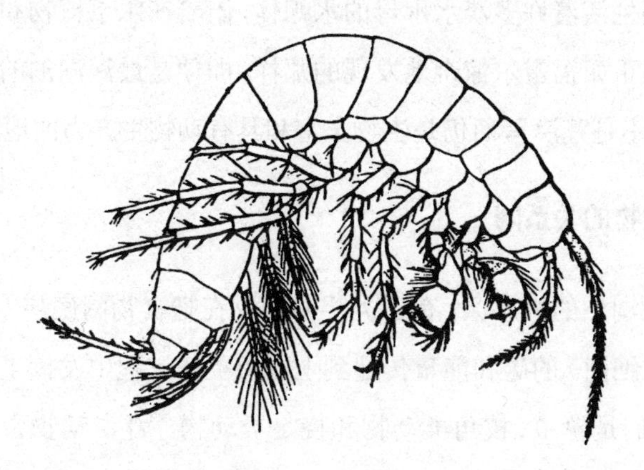

图22　日内瓦湖的盲虾（*Niphargus forelii*）

之后在这个湖中灭绝了，但仍能在瑞士、德国和意大利的其他高山深水湖中找到。在北美五大湖中，糠虾可以占据底栖无脊椎动物总生物质的50%。而在日本琵琶湖，地方特有物种安氏汲钩虾（*Jesogammarus annandalei*）的种群密度可达每平方米6.3万只。

除了蠕虫、软体动物和端足类动物外，还有许多其他动物生活在湖泊的底栖栖息地，但通常所占生物质较低。这其中包括小型物种如轮虫和水螨，除端足类以外的甲壳亚门如介形纲（沙虾），桡足亚纲中的猛水蚤目，以及枝角目中一些特定的物种，尤其是盘肠溞科。螯虾产于各种淡水底栖栖息地并有当地的叫法。比如新西兰的毛利人把湖泊中的淡水螯虾称为"koura"，而澳大利亚的原住民将滑螯虾称为"yabby"，在美国南部则通称螯虾，并被当地人养殖，是"卡真"菜系中的重要食材。螯虾是杂食性动物，大部分都生活在沿岸区，并以植物、腹足类、摇蚊、蜉蝣和碎屑为食，然后它们又会被鱼类和鸟类吃掉。淡水海绵存在于许多湖泊中，底栖区还生活着许多淡水水母的水螅体，附着在水下植物和其他基质上。正如福雷尔惊奇地发现的那样，即便是最深湖泊的湖底也肯定"不是荒漠"，而仍是生物丰富和具有动物生产力的地方。

浮游生物的关系网

在湖泊的敞水区，有三类浮游动物在把食物网底层（如浮游植物与细菌）的碳和能量传递到上层鱼类的过程中发挥了重要作用，它们是轮虫、枝角类动物和桡足类动物。浮游动物中的第一类在动物界中独占一门，即轮虫门。这是根据它们的线形纤毛所组成的、如车轮一般旋转的双冠状外观（纤毛冠）命名的。这些纤毛在水中驱动轮虫并将食物颗粒引导至嘴中。这些动物首次由显微镜学的先驱安东尼·范·列文虎克在一滴池塘水中发现，他将它们命名为“轮形微动物”。轮虫在海里很罕见，但在淡水中单就数量来说是最丰富的浮游动物，如在北部苔原的热喀斯特湖，它们的种群密度可达每升1 500只。轮虫一般很小（小于0.2毫米），生活周期很短，通常只有几天。大部分轮虫以微型藻类、其他原生生物和细菌为食，但也有肉食种，如晶囊轮属。这些动物转而又会被桡足类动物和幼鱼吃掉。

第二类浮游动物是枝角类动物，是介于0.5～2毫米之间的甲壳亚门动物。它们当中包括86个属，其中只有4个属生活在海里。最常见的3个浮游生物属是溞属（也称水蚤，但它们完全不像跳蚤一样是寄生虫）、象鼻溞属和单枝溞属，其中单枝溞属有着标志性的巨大果冻状外壳，以保护头部及抵御捕食者的攻击。一般来说，这组浮游动物是小型浮游生物食性鱼类最喜欢的食物。被称为盘肠溞科的枝角类动物广泛分布于沿岸区，和水生植物及沉积物有着密切联系。枝角类动物的身体包裹着由甲壳素组成的外骨骼，随着它们成长而脱壳掉落，这一过程在某些物种中可以进行超过20次。在一些非常清澈的湖泊中，它们的外壳中可能含有黑色素（如图23所示），这些黑色素像防晒剂一样保护这些动物和它们的卵免于紫外线辐射的破坏。

枝角类动物有多对附肢，每一对都有专门的功能。最重要的附肢是用于游泳的触角。水对这种体积的动物来说是黏稠的介

图23　芬兰一湖泊中的浮游动物影溞（*Daphnia umbra*）的显微成像。每个个体约2毫米长

质，而这些触角能起到桨一样的作用。它们的腿（4～6对）上有细微的毛发（刚毛），毛发上又有更细的毛，叫作“纤毛”。纤毛能够通过某种方式如静电作用过滤水中的颗粒。这些食物包括藻类、细菌、其他原生生物和碎屑。收集来的食物材料会被另一对触角尝试，被其他附肢（颚）碾碎，并与黏液一起被搓成球（食团）再送入口中或丢弃。

和轮虫一样，枝角类动物能在很短的时间内实现惊人的种群增长，这是“孤雌生殖”的结果（图24）。通常在临时的池塘和水池中会有凭空出现的溞群。这些种群的大部分个体都是雌性，可以无性产卵（无须受精），并在育卵室中孕育胚胎，最终释出能自由游动的“新生儿”。根据物种和食物条件的不同，单个母体可能携带从1到超过200个卵，而在暖水中胚胎的发育时间可能只要两天。

这种无性生殖策略对在稳定环境中的快速生长非常有效。但和一些轮虫一样，枝角类动物在条件恶化的时候更偏向于有性生殖（图24）。这可能是由物理胁迫引起的，如极端温度，也可能由生物胁迫引起，如拥挤和食物短缺。这时雌性会产下只含一套染色体组的单倍体卵和会孵化成雄性的双倍体卵（含两套染色体组）。这些雄性会和雌性配对并让它们的单倍体卵受精，成为双倍体合子。许多物种都会将这些合子携带在改造过的外壳中，然后在蜕壳的过程中将它们释放出来。这些合子是黑色裹起来的休眠卵，被称为“卵鞍”。卵鞍对极端环境有很高的忍耐度，如干燥和冰冻环境，而且可能对它们在水体间通过风或鸟羽传播有着

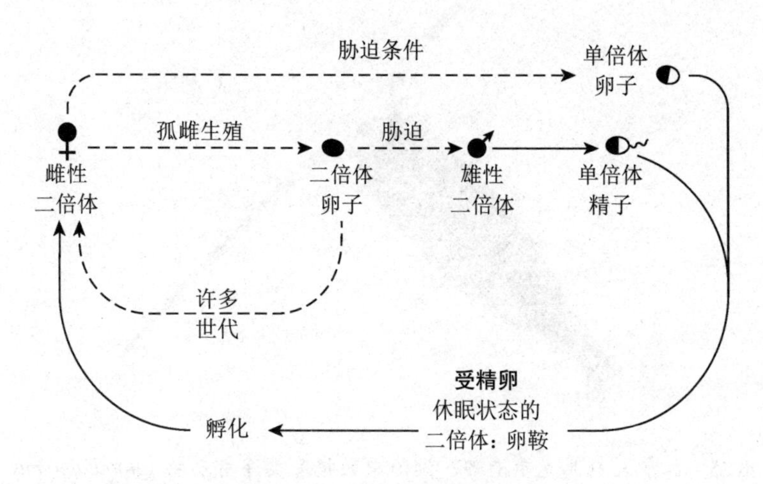

图24　枝角类浮游动物的无性（孤雌生殖）和有性生殖

重要意义。它们能保持数月、数十年乃至上百年的休眠状态，例如在一个干涸的池塘底部，一旦有利条件恢复，便可孵化成能无性生殖的双倍体雌性。

桡足类动物是海洋浮游动物中数量最丰富的一类，在几乎所有湖泊中都很常见。在大型深水湖泊如贝加尔湖和北美五大湖中，就生物质而言它们是浮游动物中最多的。和枝角类动物一样，桡足类动物也属于甲壳亚门，有由甲壳素组成的外骨骼和多对用于游泳、觅食和感应的附肢（图25）。和枝角类动物不同的是，它们没有无性生殖的阶段，种群由雄性和雌性混合组成。交配后，雌性产下会孵化成幼虫或“无节幼体”的卵。这些卵要经

图25　加拿大魁北克市南部一湖泊中的桡足类浮游动物*Aglaodiaptomus leptopus*的显微成像。这种动物长2.3毫米

历5～6次的蜕壳才可以成为桡足类动物的幼虫（即“桡足幼体”）。随后它们会经历5次蜕壳并成为性成熟的成年体。在暖水中，它们的生命周期可能在一周内完成，但在极地或高山湖泊的冷水中可能需要至少一年。桡足类动物以浮游植物和其他原生生物为食，是浮游生物食性鱼类富含脂质的食物来源。但是相比行动缓慢的枝角类动物，桡足类动物更难被捕获，因此在食浮鱼类众多的湖泊中它们占有统治地位。

游来游去

轮虫、枝角类动物和桡足类动物都是浮游生物，因此它们的分布受到水流和湖泊混合作用的强烈影响。但是它们都能游动，并且可以调节自己在水中的深度。对于最小的浮游动物来说，如轮虫和桡足类动物，这种游动能力有限；但大一点的浮游动物能够在24小时的昼夜循环中游动相当长的距离。在夜间划船到日内瓦湖中采集浮游生物样本时，福雷尔首次观察到这种现象。他发现他的拖网会捕获“大量浮到水面的切甲亚纲动物[桡足类动物]”。之后的研究显示，日内瓦湖的枝角类动物白天活动在温跃层和深水层，入夜后则向上游约10米；而桡足类动物则会向上游60米，在日间又返回深邃黑暗寒冷的深水区。

更大的动物会在水柱中移动更远的距离。负鼠虾是一种糠虾，可长达25毫米。它们于日间居住在湖底。而在太浩湖的夜晚，除非有月光，否则它们会上游数百米至湖面。贝加尔湖中主要的浮游动物之一是一种学名为*Macrohectopus branickii*的地方特有端足类动物，可以长至38毫米长。它们能在白天距湖面100～200米的深处形成密集的群落，但在夜间会分散并浮至水面。这些夜间迁徙活动把湖泊生态系统中深水区和浮游区的水面连接起来。人们认为这是浮游动物为了在日间规避依靠视觉捕猎的捕食者（尤其是浮游区的鱼类），同时在夜色掩护下获得水面的食物而演化出的习性。

鱼类对迁徙规律最显著的影响之一体现在一种被称为“幽灵蚊”的昆虫上。这种昆虫有长达2厘米的类蚊幼虫，也被称为“玻璃虫”，因为它们的身体是透明的，并在两端有一对帮助它们浮在水面的空气囊。在欧洲，这种昆虫主要包含两个物种，各自有不同的昼夜移动规律。黄库蚊（*Chaoborus flavicans*）主要生存在有鱼的湖泊和池塘中，日间待在水底，以沉积物中的动物为食。它们能进行基于苹果酸的无氧代谢活动，能够在无氧的水中或者将头埋在无氧的沉积物中存活。在夜间它们会迁徙到湖面捕食浮游动物，尤其是桡足类动物。这种迁徙规律受鱼类出没的影响最为明显，它们似乎能够通过化学信号（有鱼腥味的利它素）侦测鱼类的存在。第二种是暗库蚊（*Chaoborus obsuripes*），会避开有鱼类的水体，并在整个昼夜循环中待在靠近水面的区域，即底栖捕食者（如蜻蜓幼虫）的活动区域以外。

尽管某些鱼类会在湖泊特定的区域活动，也有其他鱼类能够在区域之间游动并活跃在不同的栖息地。例如，在世界上面积最大的淡水湖苏必利尔湖（82 100平方千米，最大深度406米）中，湖白鲑大部分时候都是浮游生物食性的，出没在近岸敞水区。但是在晚秋会迁徙到湖边产卵，其富含脂质的鱼卵为沿岸区的生态系统提供了能量补给，为鲱形白鲑（湖白鱼）贡献了34%的能量需求，后者大多时候以底栖猎物为食，如近岸浅水中的端足类动物。这种鱼类迁徙意味着湖泊生态系统的不同部分在生态上连接了起来。

对于许多鱼类来说，其穿梭的栖息地范围可一路延伸到海洋。溯河洄游的鱼类[①]每年会迁出湖泊并游入海洋。尽管这种迁移会造成大量的能量消耗，它的优势却在于能为鱼类带来丰富的海洋食物来源，同时为鱼苗的成长减少被捕食的压力。北极红点鲑（*Salvelinus alpinus*）即是一个例子，它们生活在大不列颠寒冷的深水湖以及包括日内瓦湖在内的欧洲湖泊中。这是一种生活范围最靠北部的淡水鱼类，一直到加拿大高北极地区北纬83°的湖泊A中都能发现它们的身影。它们生活在淡水中的时候主要以底栖无脊椎动物、浮游动物、小型鱼类和水面昆虫为食，而在海里则吃其他鱼类和端足类动物。现在，结合声呐标记法和基因标记法，人们可以标记捕获的鱼类并将它们释放，从而鉴别这种鱼所属的不同种群，以及迁徙的来源地。

降河洄游的鱼类有着相反的迁徙规律，会在淡水中生活而在海水中产卵。其中一个例子是欧洲鳗鲡（*Anguilla anguilla*），它在河流中最为丰富，但在自然和人工湖泊中也很常见。卫星标记法显示成年欧洲鳗鲡会迁徙5 000千米甚至更远去马尾藻海产

① 指在海洋中生长，成熟后上溯至江河中上游繁殖的鱼类。——编注

卵。它们以每天10～30千米的速度游动，这是一个漫长的过程，可能长达一年，并会因为被猎食而在数量上遭到严重的损失。鱼苗之后会通过墨西哥湾暖流和北大西洋暖流返回欧洲的水域。

所食即所是？

饮食习惯对湖泊食物网中动物的营养状态绝对有着重要的影响。但就具体的物种而言，其特殊的需求和生理状态也有变化。以简单的元素比值为例。著名的美国海洋学家阿尔弗雷德·C. 雷德菲尔德提出了以下理论：海洋中的颗粒（大部分由浮游植物组成）的碳氮磷原子量比一般来说为106∶6∶1（或41∶7∶1的质量比）。他也提到在深海中再生的营养物有着同样的氮磷比。湖泊中的浮游植物和其他颗粒的碳氮磷比接近或稍高于雷德菲尔德的比值，但在食物网的上层，不同类型的动物的碳氮磷比也很不一样。桡足类动物的氮磷质量比一般在14∶1之上，但即使是同一个湖内的枝角类动物也往往只有这个值的一半，约为7∶1。枝角类动物这种显著的低比例是因为它们细胞内合成蛋白质的细胞器数量更多，尤其是含有RNA的核糖体——一种富含磷的生物分子。高磷成分会促进生长，但也导致对磷的生物需求更高，也就使得氮磷比更低。对湖泊营养成分比例的分析被称为“生态化学计量学”，为湖泊科学带来了重要的见解和问题，包括不同动物群体对磷的不同需求以及这种不同对营养物循环的影响。

食物数量和供应速率对食物网中的所有动物都很重要。通常来说，湖泊中动物生产力（“次级生产力”）随着浮游植物及其生物质的光合生产（“初级生产力”）上升而上升。但这不仅仅关乎数量，也关乎质量。这些食物的养分之间有着巨大的不同。如食物中油脂（脂质）的组成对动物的健康、繁殖以及生存有着重大影响。这些脂质分子有的有着明亮的颜色，这是藻类色素经动物摄食转化而来的（如图25中桡足类动物的亮橙色是由类胡萝卜素的一种——虾青素引起的）。对于某些浮游动物，如清澈的高山湖泊中的种类，这种色素可能主要用于抵御紫外线辐射，但对其他种类来说这似乎是维持高能量脂肪贮存的一种方式，以用于度过冬天并在下一个春天生长和繁殖。

有些脂质分子被称为“多不饱和脂肪酸”（PUFA），如 ω-3 多不饱和脂肪酸和二十碳五烯酸（EPA），对性激素的分泌尤为重要，后者能调节包括人体在内的身体功能，如脑部发育、视觉和心血管代谢。大多数水生生物都不能分泌PUFA，而必须从饮食中摄取，最终从生产这些PUFA的藻类和摄食它们的消费者中摄取。湖泊科学家对在食物网中追踪EPA和相关PUFA有着浓厚的兴趣，因为这反映了水生生态系统中的摄食关系以及系统的健康状态。有的PUFA甚至能够通过水生昆虫（如摇蚊和蜻蜓）被鸟类捕食从而转移至陆生物种（其PUFA含量总体少于水生生物）上。脂质对理解化学污染的影响也有关系。多数有机污染物（如农药）都是脂溶性的，因此可以随着脂质在食物网中转移，并在食物链的顶端（或更高营养级）动物处浓缩（即生物放大作用）。

分析食物网最有力的方法是基于自然存在同位素的分析。

同位素是两类拥有相同质子数的原子，因此属于同种元素，但有不同中子数。比如空气中的氮气，大多由两个有七个质子和七个中子的氮原子组成，被称为氮-14（化学符号为^{14}N），但有一小部分（0.366 3%）含有多一个中子的氮原子，被称为氮-15（化学符号为^{15}N）。氮被动物吸收后，^{15}N会比^{14}N在动物体内保留得多一点，这种富集效应在食物链中逐步向上延续。

单个中子产生的差异似乎微小，但借助灵敏的质谱仪，即使是微小的^{15}N富集也能被准确地检测出来。例如，在贝加尔湖的浮游区，每在食物网中向上一步，^{15}N就会富集3.3 ppt（图26）。贝加尔

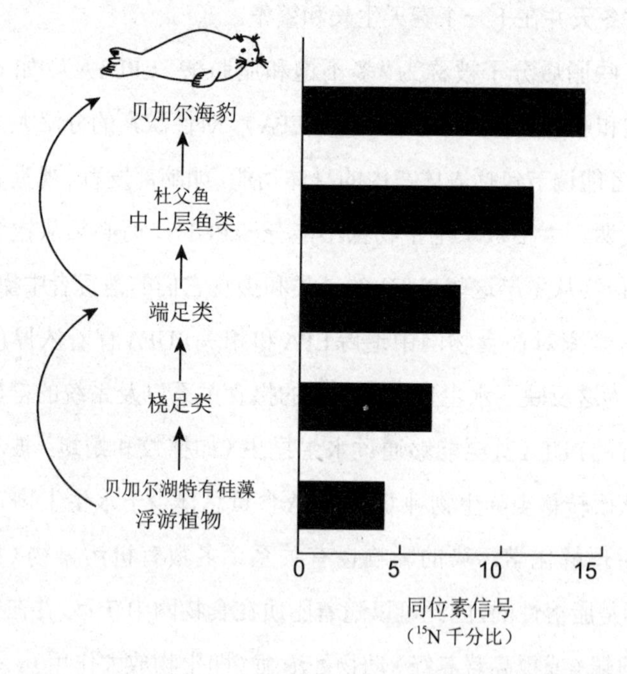

图26　贝加尔湖的中上层水体食物网和对应的氮-15信号（$\delta^{15}N$）在各营养级的递增

湖的大型地方性硅藻贝加尔湖直链硅藻（*Aulacoseira baikalensis*）能够摄取无机氮。它们的$\delta^{15}N$，即硅藻中的$^{15}N/^{14}N$比和大气中这一比值的差值，约为4 ppt。硅藻会被端足类动物吃掉，并将氮在食物链中一路向上传送，最终到海豹时$\delta^{15}N$为14 ppt。其他氮来源会带来变数，但这种方法对研究食物网中“谁吃谁”的关系提供了宝贵的参考。对肉食性动物来说，这种方法还可以研究不同食物在其饮食中的比重。碳的自然同位素之比（$^{13}C/^{12}C$）也可以用于测量饮食来源。而在海洋研究中，硫的同位素之比（$^{34}S/^{32}S$）也能起到相似的示踪效果。在水蒸发从液相转变为气相的过程中也会发生同位素分馏现象，所以在水文学中，氢（$^{2}H/^{1}H$）和氧（$^{18}O/^{16}O$）在水分子中的同位素之比可用于测定湖的蒸发降水平衡。

湖中的入侵者

在19世纪末，福雷尔警觉地观察到来自加拿大的水蕴藻（*Elodea canadensis*）进入了日内瓦湖。这种水草在整个湖泊中“茂盛而可怕地扩张着”。这一入侵物种是人为引入的，以改善本地池塘和溪流中的鱼类栖息地。但就如同世界其他地方不幸地发生过的那样，这种水草很快就进入湖泊的沿岸区并在其中扩张。这个物种和水鳖科的其他水生植物于20世纪中叶侵入新西兰的湖泊，在水下形成高达6米的森林，极大地改变了沿岸栖息地，并影响了水库电站的发电量。其他物种，如一种欧亚水生耆草穗状狐尾藻（*Myriophyllum spicatum*），给饮用水源（包括魁北克的圣查尔斯湖）造成了一些问题。原产南美的水生风信子——

凤眼莲，是一种浮在水面的侵略性植物，会将水面覆盖致使水生栖息地窒息，在亚洲、非洲和美国南部的湖泊肆虐，包括维多利亚湖的近岸区域。

一种入侵动物的到来对湖泊的巨大影响首先体现在食物网的一层，然后扩散到整个食物网中。这种"营养级联"的经典案例发生在弗拉特黑德湖，一个在美国蒙大拿州的大型深水湖（占地500平方千米，最大水深116米）。1968—1975年间，一种叫*Mysis diluviana*的糠虾（和欧洲的孤糠虾是近亲）被引入弗拉特黑德湖上游的三个湖以改善鲑鱼渔业。到了1981年，这种虾顺流而下进入了弗拉特黑德湖，并于1980年代末在数量上经历了爆炸性的增长（图27）。在糠虾进入弗拉特黑德湖的几年后，湖中浮游动物中的枝角类动物和桡足类动物因众多糠虾的过量捕食而

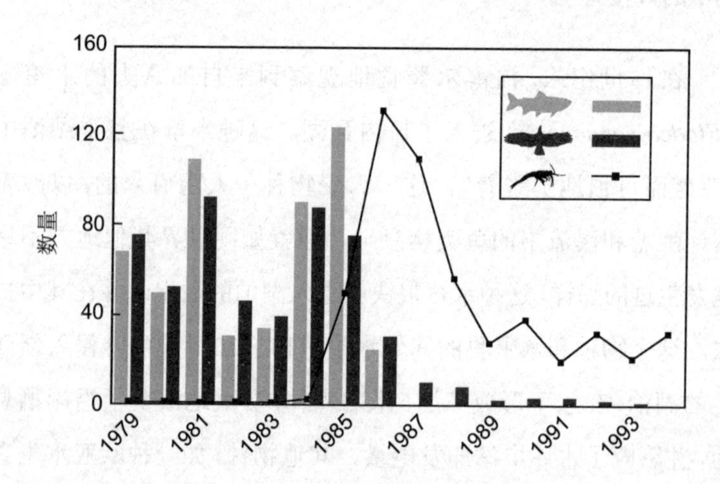

图27　弗拉特黑德湖在糠虾入侵后的食物网变化。淡水红鲑（图中数值乘以100）和秃头鹰（图中数值乘以7）的数量系鲑鱼上游产卵地测得，而糠虾数量（图中数值乘以1 000）系湖中每平方米水柱所含数量

消失殆尽。随之而来的是食物网自上而下的效应：因为被浮游动物摄食的压力减小，浮游植物的生物质大量增加，其群落组成也发生变化。

淡水红鲑也是弗拉特黑德湖的引进种，它们变得没有浮游动物可吃。又因为糠虾只有在夜间才出没于浮游区的水面，红鲑无法看见它们因而不能摄食。这个出乎意料的规避鱼的习性让引入糠虾成为提升鲑鱼产量的一个糟糕的选择。在弗拉特黑德湖的流域，鲑鱼的竞技性捕捞量从1985年的超过10万条直线下滑到1988年的0条。秃头鹰会在淡水红鲑产卵的溪流聚集捕食红鲑，其数量从1980年代早期的600余只，到十年后的基本绝迹（图27）。另一个食物网效应是糠虾成了另一个引入种湖鳟（湖红点鲑，*Salvelinus namaycush*）的主要食物来源，因为后者在湖底觅食。湖鳟的崛起正在把原生种公牛鳟（强壮红点鲑，*Salvelinus confluentus*）逼向灭绝。

一旦进入湖泊就能造成最大破坏，也是最成功的入侵物种都有以下几个特点：生长速度快，耐受性宽泛，在高种群密度下能茁壮成长，以及有通过人类活动增强的迁徙和繁殖能力。斑马贻贝（*Dreissena polymorpha*）在这几项上得分都很高，在世界各地都是引起诸多麻烦的入侵物种。它们原产于里海地区，但随着18世纪和19世纪全欧洲兴建运河，它们很快传播开来，并在1824年抵达大不列颠。1988年它们首次出现在北美五大湖，人们认为它们如许多其他入侵物种一样，是通过货船的压舱水入侵的。到1990年它们遍布五大湖，现在迁入密西西比河的河床。它们的近亲斑驴贻贝（*Dreissena bugensis*）也在大约相同的时间入侵了五大湖，在松软的沉积物和比斑马贻贝所处更深的水域中繁殖，造成了其他的问题。

一只斑马贻贝可以在产卵季节产下一百万颗卵，随后它们会孵化成可以自由游动达一个月的分散幼虫（面盘幼体）。成年贻贝的密度可以达到每平方米上万只。它们在水管中的繁殖造成了核电站和热电站冷却系统的严重问题，同样给饮用水厂的进水口带来了麻烦。一只斑马贻贝一天可以过滤一升水，把其中的细菌和原生生物吃得一干二净。在伊利湖，斑马贻贝入侵后不久，湖水澄清度变为原来的两倍，硅藻减少了80%～90%，伴随着浮游动物的下降以及对浮游生物食性鱼类的潜在影响。这个物种的入侵能将一个湖泊的食物网从由浮游区主导变为底栖区主导，但代价是本地的蚌科蛤蜊会在斑马贻贝群中被闷死。它们高效的过滤能力也会导致初级生产者水文情势的转变，从高浮游植物浓度的浑浊湖水转变为底栖水生植物主导的澄清的湖泊生态系统。

现在，入侵物种带来的问题在全球气候变化的背景下变得更为复杂了。这会削弱本地植物、动物和微生物在它们温度范围上限的竞争力，并为之前在温带和热带区域生活的物种开辟了新的栖息地，使它们可以扩张到之前寒冷且不宜生存的湖泊。保护区（如国家和地区公园）对湖泊食物网的保护有着前所未有的意义，能帮助它们抵御额外的胁迫，并减少入侵物种带来的压力，这种压力不可避免地伴随着土地开发和相关运输路线扩张而来。

第六章

极端湖泊

我们所认识的表面湖水的组成，到底是在所有深度上都一致，还是会变化？以什么规律变化？

F.A. 福雷尔

我们对湖泊的上层水域很熟悉，但这对我们认识下层水域往往没有什么帮助。在某些湖泊中，这些不同深度的水域有着极端的差异。南极洲麦克默多干谷地区的万达湖是最明显的一个例子。这里的湖面终年结冰，因此阻止了风致混合。当第一批科学家在冰面上钻洞，并将热敏电阻探头伸入下方水柱时，他们惊奇地发现温度在随着深度上升，并在底部达到26 ℃。这种暖水在冷水之下的反向温度分布是由明显的盐浓度梯度分布引起的：万达湖的表层湖水是纯净的冰川淡水，而底层水的盐度是海水的三倍。经过一段时间的激烈辩论后，这种出乎意料的温暖被解释为阳光的累积作用。夏季的阳光辐射透过剔透的冰和澄清的淡水，逐渐加热底层致密的、高盐度的水。年复一年，一个世纪又一个世纪，这种累积最终达到今天观察到的不同寻常的温度。

极端湖泊是指有着不寻常的物理、化学和生物特质的水体，它们具有极大的科学价值。世界上许多地方都分布着咸水湖，且通常生产力极高，只靠一条简化的食物链就可以支撑一大群的候鸟和留鸟。极地和高山湖泊受冰雪的强烈影响，因此对水冻融阈值内温度的微小变化很敏感。这些高纬度和高海拔的生态系统是过去和现在全球气候变化的前哨，也是深入理解湖泊微生物学和生物地质化学的模型。世界上其他极端湖泊还包括酸性湖、碱性湖、地热湖以及那些周期性喷发的湖泊，它们会释放出液态或气态物质，危及附近的人类。

在大多数条件极端的湖泊中，只有最顽强的、酷爱极端环境的微生物才能在其中生存和成长。这些“嗜极微生物”包括酷爱极高盐度的嗜盐微生物、适应了终年寒冷水体的嗜寒微生物（psychrophiles，来自希腊语*psukhrós*，意为“寒冷”或“冻结”），以及在低pH值下生长最好的嗜酸微生物。对这些微生物的生物化学和基因研究为地球生命的起源、进化和极限提供了深刻的见解，并催生了独特的生物分子的医药和生物技术应用。

咸水湖

水的众多显著性质之一是其介电常数异常地高，这意味着水是一种强极性溶剂，有着能够稳定进入溶液离子的正负电荷。这种介电性质是由分子中不对称的电子云造成的，如在第三章中所描述的那样。这让水在经过地面的时候能够将土壤和岩石中的矿物质过滤出来，并把这些盐保持在溶剂中，甚至在浓度很高的时候也是如此。

所有这些溶解矿物质共同产生了水的盐度。盐度是指每升水中溶解的盐或固体的克数。因为每升水重1千克，盐度也可以表示成“克每千克”或“ppt”。海水约为35 ppt，其盐度主要来自阳离子如钠离子（Na^+）、钾离子（K^+）、镁离子（Mg^{2+}）和钙离子（Ca^{2+}），以及负离子如氯离子（Cl^-）、硫酸根离子（SO_4^{2-}）和碳酸根离子（CO_3^{2-}）。

这些溶质统称为“主要离子”，能够导电，因此一种测量盐度的简单方法就是测量没在溶液中的两个有着固定间距的电极间的电导。现在湖泊和海洋科学家的常规测量活动包括使用温盐深测量仪测量描绘盐度-温度关系图。这种水下仪器能够拴在一根绳子上在水柱中下降，并在每秒内多次记录电导、温度和深度。电导的单位是西门子（或微西门子，记作μS，鉴于淡水湖中盐浓度比较低），会校准到标准温度25 ℃并给出特定的电导率，单位为μS/cm（微西门子每厘米）。

所有淡水湖都含有溶解矿物质，具体的电导率介于50～500 μS/cm之间；而咸水湖的值能超过海水（约50 000 μS/cm），这些水体是极端微生物的栖息地，如嗜盐绿藻杜氏藻和耐盐古核生物（嗜盐古菌），它们拥有的生化策略能够应对如此高盐度带来的压力。南极洲西福尔丘的迪普湖盐度非常高（270 ppt），以至于湖水在隆冬季节也不结冰，可以在周围天寒地冻的湖心划船。但最好远离湖水，因为这些液态盐卤的温度约为−18 ℃。

世界上咸水湖总面积巨大，并保持了几个世界湖泊记录。世界上最大的湖是里海，面积超过37.1万平方千米，最大深度1 025

米。其盐度属于中等偏高（12 ppt），大部分来自陆地而不是海洋。与之相反的是黑海，因为和地中海交换水所以被认为是海洋系统而不是湖泊。和许多咸水湖一样，里海是一个古老的水体，因占据地质活动所形成的构造盆地而成。那里有许多地方特有的物种，包括一种内陆海豹里海海豹（*Pusa caspica*）。世界上最古老的湖泊是盐度中等（6 ppt）的咸水湖伊塞克湖（意为“温暖的湖”），坐落在吉尔吉斯斯坦的天山地区。这个大型深水湖（占地6 300平方千米，最大深度702米）有可以匹敌贝加尔湖的湖龄（约为2 500万年），为多种动物群提供了栖息地，包括地方特有物种。在海平面400米以下的死海是世界上海拔最低的湖，也是最咸的湖之一。其盐度约为342 ppt，约是海水的10倍。在极端高海拔地区也有咸水湖，包括青藏高原以及玻利维亚和秘鲁交界的高原。虽然有着各种不同寻常的特点，但因为它们常常地处偏远以及水质咸涩不可饮用，咸水湖一直被人们视为可有可无。但是，它们对候鸟的价值和稀有生物的重要性，使得它们在世界上好几个地区都处于保护区争夺的前线。

在决定是否拯救加利福尼亚州莫诺湖的过程中产生的争论，是关于咸水湖价值争论最为典型的案例。这一争论历程漫长但最终取得胜利。当马克·吐温在1860年代早期游览这个地区时，他把这个湖称为一块“可憎沙漠”中一片“庄严、宁静、无人航行的海”。但如同许多咸水水体一样，莫诺湖是一处令人惊叹的美丽之地，栖息着大量的浮游生物和水鸟。湖水被认为是“三系水”，即其盐度主要来自三种成分：碳酸盐（因此也被认为是碱湖）、氯盐和硫酸盐。假如你把手伸入湖水，会发现湖水有种滑滑的肥皂水的感觉。当湖水在沙漠的阳光下迅速挥发，你的手上会留下一层盐膜，就像一只薄薄的白手套。

当地下泉水流进莫诺湖，这些含有钙离子的冷淡水遇到咸湖水时，碳酸钙以石灰石的形式沉积出来，并形成被称作钙华塔的石柱。附在钙华塔上的蓝细菌也会促进这一过程，光合作用消耗的二氧化碳会将平衡推向碳酸盐析出的一端。许多令人印象深刻的钙华塔随着湖面在古今的下降而暴露出来，有些高达数米（图28）。

莫诺湖坐落在加利福尼亚州内华达山脉的东侧，位于广阔荒凉、高高隆起、干旱贫瘠的大盆地边缘。这个地区曾经存在面积

图28　加利福尼亚州莫诺湖的钙华塔

广阔的淡水湖，但在古老的湖水蒸发后就剩下盐碱地和咸水湖。这些残余水体中最大的是犹他州的大盐湖（4 400平方千米，最大深度14米），盐度在50 ppt ～ 270 ppt之间，取决于波动的水位。大盐湖、莫诺湖、里海和其他许多咸水湖都是“内陆湖”，意味着它们没有出流。莫诺湖的巨大蒸发损失被每年来自内华达山脉融雪所补充的淡水抵消。但洛杉矶的水利规划者为了满足城市人口快速增长的需求付出了巨大的努力，他们将内华达山脉的融雪分流，通过引水渠将水引至560千米外的城市。第一次主要的分流从1941年开始，也是自那时起莫诺湖的规模开始缩小，其盐度也在上升。从1940年代到1970年代，湖的水位下降了约15米，盐度从40 ppt翻倍到80 ppt。洛杉矶市的用水已经导致区域内另一内陆湖欧文斯湖的彻底干涸，而莫诺湖似乎也走在相似的消失道路上。

1976年，一群来自加州大学戴维斯分校和斯坦福大学的本科生在莫诺湖边参加一个科研夏令营，以研究湖泊的生态，莫诺湖的命运也自此逆转过来。他们的研究对象是湖泊中的食物网，其生产力高度发达主要归功于两种顽强的无脊椎动物：一种是在湖边的水域度过其幼虫期和蛹期的碱蝇（*Ephydra hians*），它们是库泽狄卡原住民过去的食材；另一种是每年在湖中数目能达到兆级的丰年虾（卤虫，*Artemia monica*），主要以一种微型（小于3微米）耐盐的绿藻（*Picocystis*）为食。

莫诺湖的学生研究显示，这些碱蝇和丰年虾是每年夏天在这个湖中转的大量候鸟的食物来源。这其中包括5万只海鸥、8万只瓣蹼鹬、超过100万只黑颈䴙䴘和许多其他物种。最重要的是，他们发现盐度的上升会导致丰年虾的灭绝。食物骤减，再加上水位的下降会引发湖心岛和湖岸的相连，让筑巢的鸟类（如加利福尼亚海鸥）暴露在北美野狼和其他捕食者的面前。学生团体成员在鸟类学家戴维·A. 盖因斯的领导下成立了莫诺湖委员会，将洛杉矶市告上了法庭，引起了公众对莫诺湖生态系统的生态价值和悲惨命运的关注。经过在法庭上长达15年的马拉松式斗争和不懈努力，委员会终于胜诉并取得了法律和政治上的支持，湖水入流得到全面恢复，湖面水位得以上升。莫诺湖现在是一个独一无二的保护公园，每年吸引着许多游客和大量的候鸟前来。

极地和高山湖泊

高纬度和高海拔的湖泊包括一系列各种各样的生态系统，从北极河流三角洲洪泛平原上兴衰的湖群，到加拿大北部广袤深邃的大熊湖（面积31 153平方千米，最大深度446米），再到有着高度分层水体的南极洲万达湖，以及清澈深邃的高山湖如比利牛斯山脉中的勒东湖（海拔2 240米，最大深度73米）。勒东湖最初由杰出的加泰罗尼亚生态学家拉蒙·马加勒夫所研究。虽然是不同种类的栖息地，极地和高山湖泊还是有几个共同的特点，包括远离城市的地理位置和污染物对其直接的影响。这些特点让这种湖泊成为追踪重金属和有机污染物远程传播的理想场所。例如在勒东湖，有机污染物如滴滴涕和多氯化联苯在欧洲禁用几十年之后还能在湖水中检测出来。这说明这些污染物是从数千千米以外的地方过来的，而控制它们对生物圈的毒害需要全球的通力合作。其他的污染物被检测出是从特定区域过来的，如六氯环己烷在南欧用作农业上的杀虫剂。极地和高山湖泊地处偏远的特点引起了生物地质学的研究兴趣。一方面，有证据显示一些耐寒微生物在全世界都有分布，如某些淡水蓝细菌；另一方面，其他研究显示这些如岛屿一般孤立的生态系统有着区域性的微生物集合，包括蓝细菌和单细胞真核生物（原生生物）。

极地和高山湖泊的另一个共同特点是它们和冰雪圈的密切联系，后者即世界上所有含雪含冰的环境的集合。这些湖泊在一年大部分甚至所有时间内都覆有厚冰。冰盖上常有积雪，会限制可供初级生产的光线。在极地，这种效应又进一步被每年历时三个月的长夜所加剧。气候变暖对这些湖泊的一个主要影响是无冰期的延长，即在春天融冰的时间更早，在夏末结冰的时间更晚。这不仅为光合作用提供了更多的光线，也将供给藻类生长的营养物向上混合至表层湖水。但是，在水面敞开的情况下，湖泊生物群也会更多地暴露在潜在有害的紫外线辐射之下，可能会影响生产力和种群组成。

在极地和高山湖泊中存活非常成功的一组生物是“耐寒”蓝细菌。它们能够忍受极端寒冷甚至完全冻结的环境，但在更高温度下生长也更快（因此不像“喜寒”生物那样对寒冷有嗜好）。这些微生物把沙子和碎屑颗粒固定在它们的丝状体和由糖类化合物组成的黏液中，形成了厚实的生物膜，或称“微生物垫”，覆盖在湖泊、池塘和溪流的底部。这些微生物垫常常呈亮粉或亮橙色，这是由其中的胡萝卜素引起的，以保护其免于明亮阳光中紫外线B的伤害。它们的厚度介于零点几毫米到数十厘米之间。最壮观的种群可以在永久覆冰的南极洲湖泊的底部找到，如温特塞湖。它们形成的拱形结构外观很像地球最早的化石（叠层石）。

在寒冷覆冰的水中，蓝细菌菌垫和菌膜经常与苔藓共存，有着高浓度的红色和蓝色蛋白质。这些蛋白质被称为“藻胆蛋白”，能够高效地捕捉光以进行光合作用。这些种群在极地和高山湖泊的初级生产与生物质中占主导位置。对这些微生物集群构成的分析显示，尽管蓝细菌占主要地位，但还有其他成千上万的微生物存在，如古核生物、病毒和真核生物（如硅藻和小型无脊椎动物等）。这些真核生物以此为栖息地，享用着蓝细菌菌垫中丰富的营养物。在距今7.2亿～6.35亿年前的雪球地球冰期，冰川覆盖了几乎整个地球。冰面融化形成的池塘底部覆有生物膜，有证据显示，这成为真核细胞（原生生物）的避难所（如同今天它们在极地冰盖和冰川上所做的那样）。

极地和高山湖泊也是研究及更好理解湖泊元素循环运行机制的有效系统模型，并且可以用于研究湖泊是如何被周围环境的物质输入所影响的。对这些研究最有帮助的自然实验室是那些在极地地区永久分层的湖泊，如南极洲麦克默多干谷的万达湖、弗里克塞尔湖、霍尔湖、邦尼湖、乔伊斯湖和米尔斯湖。这些水体被称作“局部循环湖”，意思是它们只是部分混合。另一个分布着这些永久分层的咸水湖的区域是加拿大的高纬度极地地区。

这些湖泊首先在1969年由一支军事科研探险队发现，并以战术命名的方式把它们称作湖泊A、湖泊B、湖泊C等等。这些湖泊仍保有着这些带有冷战时期色彩的无聊名字，却被字母掩盖了许多不同寻常和有趣的特点。

湖泊A（北纬83°，最大深度128米）坐落在叫作*Quttinirpaaq*的国家公园里，该词在因纽特语中意为"世界之顶"。这里有一座峡谷，在5 000年前曾是连接北冰洋的一个充满海水的峡湾。随着北极冰盖的融化和相应上层巨大压力的下降，这一峡谷从海中升起，将峡湾孤立成含有北冰洋海水的潟湖。融化的雪和冰川成为淡水，流入湖中并浮在致密的咸水上。湖泊A的分层现象现在可以通过其盐度分布（图29）观察到：低电导率的融水出现在冰面下的表层，而在11米处盐度急剧上升，并随水深增加保持这一趋势，直至于几千年前就困在峡谷的古海水。

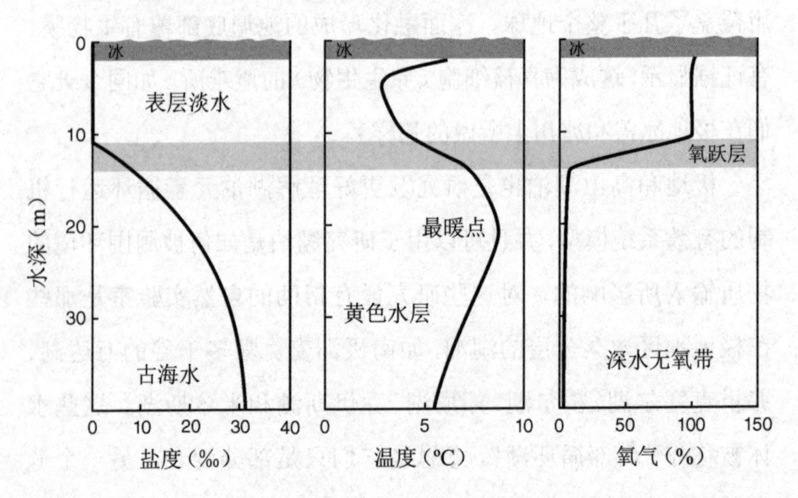

图29　加拿大高纬度极地湖泊A的湖水在盐度、温度和氧气含量上的分层

湖泊A的盐度分布为其地质历史提供了线索，而温度分布则记录着最近的变化。图29中展示的温度分布显示了冰面下的湖水在夏季变暖的现象，这很可能与温暖低盐的入流相关。之后温度随水深下降，但随后又意外升高，并在约22米深的地方达到最高值。和南极洲的万达湖一样，这种温度的上升是穿透冰层和水层到达这一深度的阳光对湖水逐渐加热的结果。

湖泊A表层湖水的溶解氧是饱和的，在夏季时由从融化雪堆流出的溪流补充。但在更深的水域，含氧量在氧跃层突然下降直至低于检测限值，这种无氧的环境一直延伸到湖底。湖水颜色和气味随深度的急剧变化是分层现象的进一步证据。例如在28～30米深处有一个黄色水带，这是绿色光合硫细菌造成的，它能够捕捉光能并用硫化氢还原二氧化碳成糖（而不是像植物那样用水还原），并在此过程中产生黄色的硫单质颗粒。在30米及以下采集上来的水样品都有一股硫化氢释放的臭鸡蛋味。

基于核酸（DNA和RNA）的分子工具为分析不同水层的微生物群落提供了强大的方法，现在已经常规地用于湖泊研究中。这些工具为研究微生物多样性和生物地化过程提供了深刻的见解。因为水生微生物群落的绝大多数成员都不能被培养，也不能在显微镜下进行区分，所以这些特点在之前都不可研究。一旦DNA被分离出来，且其中的核苷酸被测序（核酸的A、G、C、T等字母顺序），通过绘制生命树图即可探索它们的遗传关系，其中的样品或物种间的距离即是关系远近的衡量指标。这种方法的其中一个优点是所有数据都在国际数据库（基因银行）中共享。这一数据库可以提供巨大的（目前已有两亿条记录）且永远在增长的数据参考源以便测序对比。

这种分子方法应用在湖泊A上的一个例子如图30所示。首先要从10～12米深处采集水样品，这个深度是湖水氧含量急剧下降的地方（图29）。此处往往是寻找新的微生物的地方，因为在氧浓度梯度上一般含有各种各样的氧化剂和还原剂，满足了微生物的各种生活方式。人们发现核糖体基因的DNA测序对鉴别不同物种特别有用，因此对它们进行了比较。湖泊A的DNA结果显示，三种湖泊微生物都聚集在生物树上的古核生物分支中（图30中的0.05比例尺代表5%的基因差异），而且它们和海洋氨

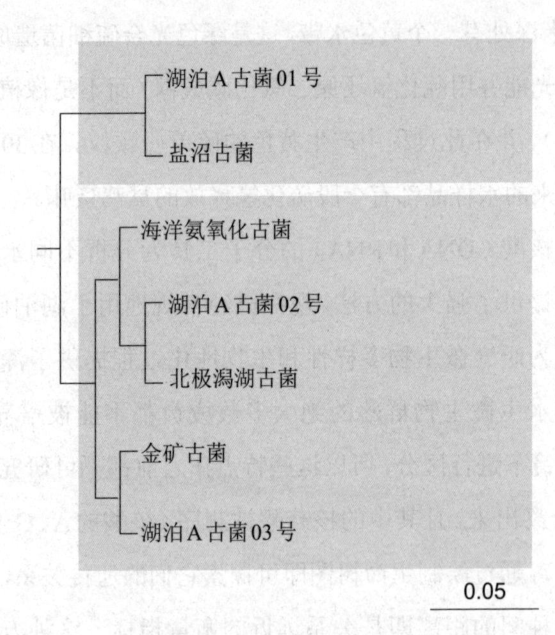

图30　湖泊A中三种古核生物的遗传亲缘关系树状图，以及它们与其他栖息地古核生物的亲缘关系

氧化古菌亲缘关系较近，后者是一种能够将铵根离子氧化成硝酸根离子的古核生物。在湖泊A深10～12米处的化学环境对基于氨氧化反应的能量生产很有利，因为氧气可以从氧跃层上方扩散而来，同时铵根离子则从下方的无氧区扩散而来。

基于DNA的方法对冰下湖的研究很有价值，这种湖泊是所有极地水生栖息地中条件最严苛的。湖泊的水体常年保持液态，但深埋在南极洲冰盖几百甚至几千米以下。第一个冰下湖在苏联位于南磁极附近建立的沃斯托克科研站下方被毫无征兆地发现了，当时恰逢国际地球物理年（1957—1958）。无线电回声探测显示，在这个科研站所在的3 750米厚的冰盖下有一个深达1 000米的液态水层。后续的地球物理学测量揭示，这个被称为沃斯托克湖的隐藏水体有着巨大的面积，占地14 000平方千米，预测体积有5 400立方千米。这个体量远远超过世界上许多其他巨大的湖，如安大略湖（1 640立方千米）。这一被冰隔绝的水体的发现提出了一个科学界和公众都深感兴趣的问题：沃斯托克湖是一个处于构造湖盆中的无菌水体吗？还是一个在缺乏了数千年支持生命的阳光的情况下，以某种方式活跃的湖泊生态系统？

在沃斯托克湖里寻找生命的这一任务激励着天体生物学家，他们对地球生命的起源、进化、极限以及那些可能允许地外生命存在的环境有着浓厚的兴趣。人们已经在太阳系中的其他地方发现了液态水，如木星最小的卫星木卫二和土星第六大卫星土卫二，这些星球上厚厚的冰层下都存在液态水。沃斯托克湖似乎是研究这些生态系统的合适对象。同时，人们可以在此发展出一套无菌的钻冰采样技术，以获取这些环境中的化学样品甚至生物样品。另一个更强烈的动机来自对南极冰盖的探索。人们发现有数以百计的冰下湖（大部分都比沃斯托克湖小得多），其中多数都在有流动水联通的盆地中，其面积和亚马孙流域一般大，藏在厚厚的冰层下。这让冰下水体成为世界上最大的生态系统类型之一，可能对下游的沿海南大洋有着重要影响，这些水最终汇入其中。地球物理学家对这些冰下液态环境有着浓厚的兴趣，因为冰盖和陆地交界处起润滑作用的水会影响冰盖的稳定和流动性，这对全球气候、洋流和海平面有着重要的影响。

从冰下湖中采样的最初几次尝试受到了来自一些挫折和不确定性的阻碍。俄罗斯已经在沃斯托克站钻到一个相当大的深度，获得了过去气候变化的记录。他们那3.4千米长的冰芯给温室气体在过去40万年以来的自然循环提供了前所未有的视角，表明当今人类活动带来的温室气体已经大幅超过过去的最高值。但是，在长达10年的钻探过程中，人们用航空煤油保持钻洞敞开，最终在2012年2月成功破冰至水中时，所采得的样品很可能被这种液体污染了，导致本地微生物群落分析变得困难。2012年12月，一个英国科研团队尝试在埃尔斯沃斯湖采样，这是一个150米深、覆冰3.4千米、位于南极洲西部的冰下湖。他们用无菌的热水钻探系统以确保不会污染冰下水，但不幸的是在钻探300米后燃料就耗尽了。

2013年1月，一个美国团队利用热水钻探技术和一系列方案，钻探进位于南极洲西部的惠兰斯湖，同时避免了微生物和化学污染。根据覆冰的水平位置变化，人们知道这个湖有着规律的干涸和充水过程。在采样时，它有2.2米深，并覆有800米厚的冰。这个团队运用DNA测序方法得到微生物的群落结构，发现水中有各种各样的微生物，以氨氧化古核生物和一种只存在于北极永久冻土中的硝酸盐氧化细菌为主，前者同样存在于湖泊A的氧跃层中。他们也钻得一个沉积物芯，其中的微生物包括生活在表层消耗甲烷的细菌和在底层生产甲烷的古核生物。

还有许多问题亟待解答，如冰下湖是否存在由真核细胞和病毒参与的生物互动所构成的微生物网络，又如惠兰斯湖微生物的代表性如何。但是，这些初步结果为证明冰下环境是一个巨大的活跃生态系统提供了有力的证据。这个生态系统包含那些以无机化学物为能量来源的微生物，以及其他从有机材料中获得能量的微生物。在未来的几十年里，南极冰下湖的探索将会继续成为“极端湖沼学”中一个激动人心的前沿，给生命如何在冰期时覆盖了地球大部分面积的巨大冰盖下存活这一问题提供了见解。

喷发性湖泊

作为极地与高山区域冷水生态系统的另一个极端，地热水也吸引着湖泊科学家和微生物学家的浓厚兴趣。在这里，生命又一次地被推向其生存的极限。但出人意料的是，有各种各样的嗜极微生物能在低pH值和灼热高温这些恶劣环境下生存。上述的基因技术也成功应用在了这些水域，揭示了不同寻常的物种的存在，以及它们在这些严酷栖息地的生存策略。在这些湖泊生活的微生物中发现的一些生物分子被证明有巨大的商业价值。对这些地热生态系统的微生物进行生物勘探，实现了生物科技和生物医药产业中新产品的开发。最知名的产品是一种叫作“Taq聚合酶”的酶。“Taq”指水生嗜热菌，是一种首先从美国黄石国家公园的热水池中分离出来的微生物，也是Taq聚合酶的来源，用于在分析中放大DNA信号，即聚合酶链反应（PCR）。自然中的水生嗜热菌生活在50 ～ 80 ℃的水中，所以其热稳定的DNA聚合酶在PCR中的交替高温下也能理想运作。

在活跃地热区域生活要面对一个常年威胁，即地面及与其相连的水不时地有喷发的趋势。这可能是以水热爆炸坑的形式发生的，其中包括水蒸气在内的被困住气体的气压最终超过了它们周围岩石和土壤的压力阻力，遂从地表喷出。留下的大洞填满水，成为湖泊。活火山口也可能充满水形成湖泊，这些湖水可能在火山爆发时被喷出，或因溢出的火山灰而干涸。

这种湖的一个例子是图31中位于鲁阿佩胡山的火山湖。这个湖的湖水温度波动很大，有时可达60 ℃；酸度也很高，其pH值可低至0.9。在过去的150年中，这座火山经历了三次大型喷发，伴随着越来越频繁的较小型的喷发。这座火山正受密切监视，在其白雪皑皑的山坡上装有地震预警系统，以警告滑雪者在有喷发的时候迅速躲到安全的位置，避开可能从山谷冲击下来的浑浊湖水和沉积物（火山泥流）。这个监测机制是发生在1953年12月23日的一起悲剧促成的。当时鲁阿佩胡火山湖在经历过一次爆发之后，湖水突破了拦灰坝的限制，火山泥流从一个河谷中流出，

图31　位于新西兰鲁阿佩胡活火山口的强酸性湖泊

冲毁了铁道干道上的一架桥。由于对这个数分钟前发生的灾难毫无预警，一列夜间快车的火车头和前六节车厢掉进了山谷中，导致151位乘客死亡。

火山湖能对人类产生其他威胁，包括它们释放的过饱和气体所带来的危害。喀麦隆的尼奥斯湖盘踞在一座死火山的火山口，但在湖底下的一个岩浆腔将二氧化碳泄漏到了湖水中。这些浓度极高的二氧化碳会在滑坡或地震的过程中突然排放到大气中。1986年，一朵巨大的二氧化碳云从湖中逸出，导致周围地区1 746人和3 500头牲畜窒息而死。从那时开始，人们在湖中插入管道以将深水中的气体排出，从而降低突然爆发的风险。另外一个气体累积的相似案例发生在莫瑙恩湖，同样也是位于喀麦隆。1984

年的一次爆发逸出了大量的二氧化碳，导致37人窒息而死。

第三个面积更大、充满火山气体的湖是基伍湖，位于卢旺达和刚果民主共和国边境。这个大型深水湖（2 700平方千米，最大深度480米）的底部湖水由于和一座火山相互作用，积累了大量的甲烷和二氧化碳。这些气体时不时地从湖中逃逸。这种有毒的富含二氧化碳的气体在斯瓦里语中被称为*mazuku*，意为“邪恶的风”。福祸相依，深处的甲烷同样是可以用于发电的潜在燃料。如今湖边已经装上一个装置，能将水抽起并汲取其中的甲烷燃烧。这能产生2 600万瓦的电力，同时降低了水中的气体含量，以及在深水灾难性爆发的风险。

第七章

湖泊与我们

人类对自然和栖息者的影响比其他任何动物都要大。

F. A. 福雷尔

当弗朗索瓦·福雷尔开始给日内瓦湖的动植物分类时，他列入名单的第一个物种就是智人。他提出，人类不仅通过自身活动，如湖岸开发、货运和客运（图32），而成为湖泊生态系统的一部分，也有能力对湖泊和其提供的服务，如渔业和安全饮用水，造成巨大的破坏。他观察到，和自然成因一样，人为的干预也能改变湖水水位。他同时也是状告日内瓦市的专家级证人，控诉其对日内瓦湖出流的管理不善。他几乎意识不到的是，在20世纪，拦坝造湖会成为人类社会的主流，并且当今在发展中国家继续受到狂热的拥护。

福雷尔调查了日内瓦湖广阔的水域（面积580平方千米，容积89立方千米），认为日内瓦湖会给湖泊居民提供无限量的优质饮用水。但是在20世纪晚期，如同世界上许多其他湖泊那样，日内瓦湖开始经历富营养化，伴随着水质的快速恶化、底部溶解氧的耗尽以及藻类的生长。对于日内瓦湖和所有淡水资源来说，最

图32　19世纪日内瓦湖上的传统商船

大的挑战可能还在前方，即全球气候变化及其相关现象，如温度升高、混合模式的变化、极端天气事件、供水的变化和本地及入侵物种栖息条件的改变等。

大大小小的水坝

几千年来，人类一直在截坝并把水围困成人工湖泊和池塘。直到19世纪晚期，所有这些拦坝成湖的行为都是小规模的，并带有各种用途的结构，包括灌溉农作物、喂养家畜、管控洪水、供给饮用水、满足文化和审美目的、为水车提供动力以及蓄养鱼类等。而在20世纪，为引航和水电而建造的大规模水坝成了进步的象征，在湖水水域扩张的同时带来了巨大的经济效益。欧洲的水库现今总共占地10万平方千米，包括伏尔加河上的两个坝前水库，古比雪夫水库（6 450平方千米）和雷宾斯克水库（4 450平方千米）。世界大坝注册中心现记录着58 519个“大型水库”，即其大坝高度在15米及以上的水库。这些水库总共贮存了16 120立方千米的水，等于在美加边境的尼加拉瓜大瀑布213年的流量。世界上最大的水电设施之一是加拿大魁北克北部的詹姆斯湾设施，它从1980年代晚期开始运行，有一个占地11 800平方千米的水库，能够产生16 500兆瓦的电量，并且现在仍在扩建。

尽管在西方世界，建坝的趋势已经放缓甚至逆转，但在亚洲、非洲和南美洲，这种活动正如火如荼。中国长江上的三峡大坝（水库占地1 084平方千米，坝高181米）从2012年开始运行，以发电量计（22 500兆瓦）是世界上最大的水电站。在非洲，大约有100个大型水坝正在规划或建造中，包括位于蓝色尼罗河的145米高的大埃塞俄比亚复兴坝。在南美洲的亚马孙盆地，有超过300座大坝正在规划或建造中，包括欣古河上的贝卢蒙蒂大坝设施。

水库有几个和自然湖泊不同的特征。首先，它们的湖盆形状（形态）很少是圆形或椭圆形的，往往是树杈形的，有着树状的主干和分支伸入淹没的河谷。其次，水库的流域与湖面面积比往往很高，这反映了其来源为河流。对自然湖泊来说，这一比值相对较低。如对英格兰湖区的温德米尔湖和沃斯特湖来说，这一比值是16左右；日内瓦湖则为13.8；而太浩湖只有2.6，这一因素导致太浩湖湖水有着漫长的滞留时间（650年）。与之截然不同的是，对于圣查尔斯湖而言，即魁北克截坝而成的饮用水水库，流域湖面面积比是46；美国卡罗拉多河上胡佛大坝前的米德湖是640；三峡大坝水库则是923。这些相对较大的流域意味着水库中水的保留时间很短，水质相比在没有激流的情况下要好得多。然而，在封闭的河湾、支流和靠近大坝的下游还是会发生有害的藻类水华。

相比自然湖泊，水库的水位波动往往更大也更快，这限制了沿岸区动植物的发展。水库另一个明显不同的特点是它们的各种条件沿河流呈梯度分布。在上游，河流部分的水是流动、湍急且充分混合的。然后水会经过一个过渡区，到达坝前的湖泊部分。这里往往是水库最深的地方，分层现象更明显，水质也更澄清，因为来自陆地的颗粒会下沉。在一些水库中，湖水的出流位于大坝的底部，即深水区。这减少了氧气耗尽和养分累积的程度，同时也为大坝下游的鱼类和其他动物群落提供了冷水。如今，人们对泄流的时机和规模越来越谨慎，以维持这些下游的生态系统。

为了满足水电、灌溉和饮用水的需要，大坝创造了新的湖泊，但是其环境代价往往在当时并不总是显而易见的。奥卢米耶湖是伊朗的一个大型咸水湖（最广阔时占地5 200平方千米），以其中生活的鸟类而闻名。由于在其三个主要入流处都因水电和灌溉的需求建了大坝，湖泊的面积缩小到原来的10%。这导致沉积的盐碱被风吹散，影响周围农田和人类的健康。广阔的咸海（乌兹别克斯坦和哈萨克斯坦交界）也遭遇了类似的环境问题。由于上流被引流用于灌溉，其面积由1960年代的68 000平方千米缩减到2005年的7 000平方千米。现在在其北部角落建起了一个水坝，以保留湖水、淡化盐碱以及恢复原有湖盆小部分的渔业。

建坝可能对河流盆地原有的居民造成广泛的影响，包括人类和动物。贝卢蒙蒂计划会淹没数以千计的亚马孙印第安人使用的土地，其文化影响已经引来国际社会的关注和抗议。为了建造三峡大坝，约有120万人被迁置，包括13个城镇的所有人口。现在大坝阻止了动物的迁徙，包括中华鲟和其他濒危鱼类。但是最大的影响可能还是在下游：船只运输量增加，同时每年的洪泛地区也被改变。有证据表明，长江洪泛平原上的水位降低会加剧寄生扁虫从水生软体动物到人类的传播，导致严重的“蜗牛热”或血吸虫病；而这一疾病也在埃及阿斯旺大坝建造后变得普遍。较低的水位会给湿地带来危险，也削减了鱼类和其他水生动物的栖息地之间的联系。洪泛区域的改变还可能会影响本地物种适应河水自然循环而进行的产卵、孵化、生长和迁徙活动。热带河流盆地的大坝对鱼类多样性的影响尤其引人关注，如亚马孙河、刚果河和湄公河，这些地方栖息着约4 200个物种，其中60%是本地物种。这三个河流盆地加起来共约有840座大坝正在运作或建造，另有445座尚在规划中。

大坝对下游的影响会一直延伸到海洋。由于沉积物和营养物被保留在水库中，海洋的食物网获得量就少了。这种减少也可能会改变海岸线，引起滨海三角洲的退化和海水的倒灌，因为自然的侵蚀过程已经无法被来自上游的沉积物的补充所抵消了。

自三峡大坝运行以来，人们已经观察到长江三角洲的严重侵蚀。水库的另一个影响是被淹没的植物和土地中的汞会进入水体，然后被细菌甲基化成甲基汞。这种毒性更高的物质会在食物链上的每一环累积，最终被输送至海水。

世界上许多人都依赖水库以管控洪水、供应用水、生产电力和提升经济效益。这些截坝而成的湖所提供的生态系统服务现在也成为我们文明的一部分。世界上大部分地区都在继续建造大坝，同时也有人呼吁增加大坝的建造，以减轻气候变化对未来水资源可用程度的影响，减少对化石燃料的依赖，以及跟上到21世纪末还要增加30亿的全球人口不断增长的需求。然而，历史在友好地提醒我们，这些项目的代价往往会被低估，而效益会被高估，对人类和环境影响考虑不周，长此以往会损害社会和生态价值。

世界淡水变绿

全世界范围内的湖泊所面临最严重的问题是富营养化引起的藻类和水生植物过度繁殖，富营养化即由人类活动所导致的水体中营养物过多的现象。这一问题在20世纪中叶浮现在人们面前。当时人们意识到，湖泊会逐渐变得富营养化，透明度下降，最终被沉积物和生长的植物所填满。这种缓慢的自然过程被周围流域的人类活动所带来的养分输入大大加快了。其所导致的“富营养化”或“超富营养化”（即养分丰度更高）水域被媒体称为“死湖”。虽然这些湖中的有毒藻类与氧气缺乏会带来死亡和灭绝，但是这个词是误称。因为富营养化的湖水中还是有水生生物的，只不过这些生物主要由有害的物种组成，会严重损害渔业、饮水和其他生态系统服务。

营养物的富集可能由“点源”导致，即从管道排放到接受水体的污水；也可能由“非点源”导致，如来自道路、停车场、农用地、漫灌田的径流，以及开垦地上被清理掉的含水和营养物的植被。在1970年代，即便世界上最大的湖泊也开始显现令人担忧的先兆：日益增加的养分富集导致了水质恶化。如在日内瓦湖，福雷尔在1870年代测得的冬季西奇盘深度为15～20米，1970年代跌至最好时的10米。在福雷尔的报告中，哪怕是在分层现象往下300米处，日内瓦湖的底层湖水氧气含量还是很高的。但在100年后，深水的氧气浓度已经下降到一个缺氧的值，即2毫克每升以下，把底栖动物逐出湖底的一部分区域，并可能会导致部分物种如盲虾的灭绝（图22）。

水质透明度的极速下降往往是富营养化的最初迹象，虽然在森林地区的湖泊，这种迹象可能会被湖水中溶解的有色有机物对光的强烈吸收掩盖很多年。在分层期，底部湖水氧气含量的突然下降是富营养化的另一个指标，最终会导致分层以下的湖水彻底不含氧气（无氧状态）。但是，富营养化对生态系统服务最显著的影响是有害藻类水华的暴发，特别是蓝细菌引起的水华。

在富营养化的温带湖泊中，通常有四个属的蓝细菌会形成水华：微囊藻属、长孢藻属（正式名字为鱼腥藻属）、束丝藻属和浮丝藻属。它们或单独或集体暴发。尽管有着独一无二的尺寸、形状和生活习性，它们还是有一些令人印象深刻的共同生物特征。首先最重要的是，它们的细胞内通常都充满了憎水的蛋白质荚子，会排出水并留住气体。这些充满气体的蜂窝状结构被称为“气囊”，会降低细胞的密度，允许它们浮至水面接受生长所需要的光线。

把产生水华的一滴湖水放在显微镜下就可以马上看到，每一个单独的细胞体积都非常小，而水华时每升湖水中含有数以十亿计的细胞。在图33所示的例子中，每个细胞直径约为5微米，并有明显的亮点，那代表着能够散射光线的气囊。对于如此微小、孤独的细胞，其上浮速度非常慢以至于可以忽略，但当它们形成多细胞的菌落之后，集体的浮力可以让它们的上升速度非常快，

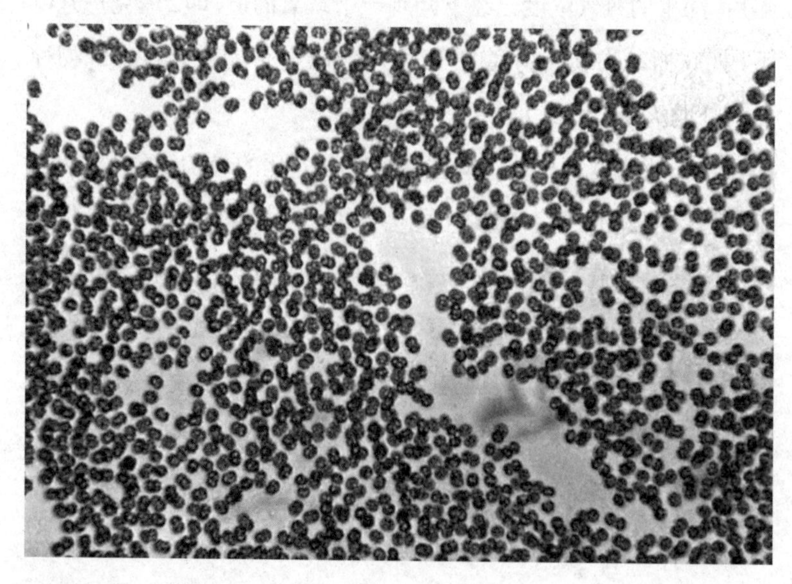

图33　有毒水华铜绿微囊藻的显微成像

如微囊藻菌落每小时可以上升5米。

这种上浮能力也可以调节。在白天，这些细胞捕捉阳光并通过光合作用合成糖，这增加了它们的密度，直到比它们所处的水重，导致它们下沉到营养物更丰富的下层水柱或沉积物表层。这些糖会被细胞内的呼吸作用消耗掉。这种物质损失使得细胞密度下降，到比水低的时候它们就会再次浮起。这种下沉上浮的交替会导致表面水华在24小时昼夜循环内大幅波动。

形成水华的蓝细菌在湖面的累积会带来湖面污泥，这些污泥会被冲刷到湖湾和沙滩上。在水柱中，尤其是在上层水柱，那些种群致密的群落会把底栖植物所需要的光线遮蔽，并大幅减少其他浮游植物的光照。其所导致的"蓝细菌的绝对优势"和藻类物种多样性的下降对水生食物网有着负面影响，特别是因为浮游动物难以过滤和消化这些大型群落。除此之外，蓝细菌往往缺乏脂肪酸，所以对动物来说也是劣质食材。又因为水华消散被分解时需要大量消耗氧气，对食物网的负面影响可能会变得更为复杂。

蓝细菌水华给饮用水设施的管理带来了极大的麻烦。首先，由于生物质的过量生产，大量藻类颗粒会超出水处理设施中过滤系统的负载能力，尤其是当它的入水口被置于港湾中或者群落悬浮的某一深度时。其次，水的味道也会受影响。蓝细菌通常会合成各种各样的次级产物。次级产物是指生物的衍生化学物，它们不参加如光合作用、呼吸作用和生长等初级作用。对于许多甚至绝大多数次级产物，人们还不知道为什么蓝细菌会费力合成它们。尽管具体原因未知，猜测和假说却不少。这其中包括浮游植物种类之间进行的化学战争、通过毒性抵御植食动物的摄食、对痕量金属的调动以及进行细胞间的沟通等。这些生物化合物中有一些会产生令人不快的味道和臭味，包括带有土腥味的土臭味素和2-甲基异莰醇、带有草腥味的环柠檬醛以及在分解过程中产生的带硫臭味的烷基硫化物。最后也是蓝细菌最重要的影响，是这些次级产物中有的毒性很高。

有毒的湖

2014年8月2日星期六，俄亥俄州托莱多市的市长D. 迈克尔·科林斯紧急召开新闻发布会，宣布居民不应饮用或煮沸自来水。同时，在有进一步通知前，全市所有餐厅都须关门。市水处理设施的环境化学家在他们常规的水质化验中检测到一种蓝细菌毒素含量突然升高，其名为微囊藻毒素-LR，超出了世界卫生组织限定的1 ppb。托莱多市的水是从伊利湖中抽取的，在这里每年都会大面积地发生蓝细菌水华。水华中常含有这种毒素，有时其浓度会超过世卫组织规定值的100倍。但是，微囊藻毒素-LR大部分只存在于细胞内，一般可以通过过滤掉藻类颗粒去除。托莱多市的问题在于这种毒素进入了处理后或说“润色过”的水中。在进行进一步的检测和安全程序后，市政府在随后的那个星期一解除了自来水使用限制。但是在一个有50万居住人口的城市停用自来水的做法给美国和加拿大造成了持久的公共影响，并将富营养化和有毒湖水的严重性重新摆在了公众面前。

蓝细菌毒素的问题在世界其他地方也引起了极大的关注。

太湖是中国第三大湖，也是一千万人口的饮用水来源。尽管面积巨大（2 338平方千米），但太湖很浅（最大深度2.6米）且高度营养化，全年都有持续的铜绿微囊藻水华暴发。在2007年，无锡市的居民因为自来水中有奇怪的味道，以及担心可能从湖水中摄入蓝细菌毒素，转而使用瓶装水长达一个月。人们的这种担忧持续到了今天，他们同时也在努力改善对这一重要水源的水质监控和污染管理。

微囊藻毒素是一系列可溶于水的毒素。许多能引起水华的蓝细菌都能生产这种毒素，但最知名的还是一个遍布世界的物种——铜绿微囊藻。化学上这类毒素被归为多肽，每个分子由一系列的氨基酸以肽键相连而成，如同蛋白质。但不像许多蛋白质那样，多肽不会在沸水中变形，可能因为氨基酸是以一种稳定的环结构排列的（图34）。这种稳固的特质同样能够抵御细菌类分

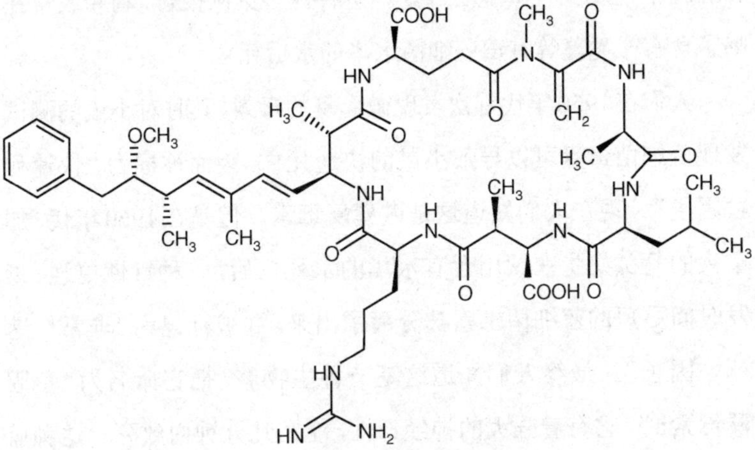

图34　蓝细菌分泌的有毒多肽微囊藻毒素-LR

解者所分泌的能分解蛋白质的酶（蛋白质水解酶）。详细的分析显示，尽管基础的环结构相同，侧边的功能团却多种多样。在富含微囊藻的水中，检测出超过100种的微囊藻毒素变体或说“同源物”，其中以微囊藻毒素-LR毒性最高。

微囊藻毒素对水处理流程的抵御能力掩盖了它们的生物化学活性。一旦进入哺乳动物的体内，这些毒素会在肝脏中被细胞吞噬并阻碍几种关键酶的活性，尤其是磷酸酶。这最终会导致肝脏受损，并给肾脏、脑部和生殖器官带来相应的氧化压力。也有证据证明，微囊藻毒素有致癌性，会干扰微管组装和细胞分裂。饮用含有微囊藻毒素的水会引发恶心、呕吐和消化道疾病，但已知唯一的致死案例发生在1996年巴西卡鲁阿鲁的一座医院。院内超过100个肾病病人发病，并有70人在使用了有微囊藻水华的水库水进行透析后死亡。在医院的水处理系统以及病人的血液和肝脏中也发现有微囊藻毒素。也有许多案例报告，狗和农畜在喝了含有微囊藻等有毒蓝细菌水华的水后死亡。

人们在1950年代首次发现微囊藻的毒效，其时对小鼠的测试发现蓝细菌毒素可以导致小鼠的快速死亡，因而被标为“快速死亡因子”。现在人们知道这是微囊藻毒素。但是在1960年代，加拿大的几头奶牛在饮用含有水华的水死亡后，一种毒性更强、毒发时间更短的蓝细菌毒素被分离了出来，并被标记为“非常快速死亡因子”。最终人们知道这是一种生物碱，把它命名为“鱼腥藻毒素a”，它有着强大的神经毒性，能在几分钟内致死。这种蓝细菌毒素首次从富营养湖中常见的固氮种水华长孢藻（鱼腥藻）

中分离出来，但人们已经知道蓝细菌有其他几个物种和几个属也能生产这种毒素。

除了微囊藻毒素和鱼腥藻毒素a，引起水华的蓝细菌还能生产一系列对野生动物、家养动物和人类有毒的其他化合物。这当中包括磷酸有机物、生物活性氨基酸和麻痹水母毒素。有些物种能够生产细胞壁物质和其他化合物，并引起皮肤瘙痒和皮肤病，也有许多游泳者在水华污染过的水域游泳导致皮肤过敏的报告。但这当中的某些案例可能由其他原因引起，即感染淡水软体动物和鸭子的幼生扁虫（血吸虫），它也可能钻进人体皮肤并引起“泳者瘙痒”。

净化湖水

一个富营养化的“死湖”能不能恢复到其几近纯净的原始状态？为达成这个雄心壮志，需要对水生植物和藻类，尤其是有毒蓝细菌过度繁殖的机制和过程有所了解。20世纪下半叶，当世界上许多湖泊都在经历人口快速增长和污染物排放增加所带来的影响时，关于营养物的讨论集中在三种元素上：碳、氮和磷。北美洲的肥皂和洗涤剂产业不愿看到他们那些富磷产品的生产受到强制性改变，争辩称碳才是导致富营养化的元素。把富含碳的湖水装在瓶中的短期实验似乎能够支持这个观点，尽管当中某些生物样本给出了模棱两可甚至相互矛盾的结果。

营养物是如何引起富营养化的？哪一种元素扮演着最重要的角色？关于这两个问题的研究，加拿大湖沼学家戴维·W. 辛德勒提供了最有说服力的证据。他的实验是在加拿大的实验湖区（ELA）进行的。加拿大北部这片广阔的花岗岩土地被称为前寒武纪地盾，拥有数以百万计的湖泊和池塘，由最近的冰川活动在岩石上蚀刻而成。这片湖泊聚集的地表景观在位于安大略省北部的一小块区域于1968年被划分出来，用作全湖观测和实验。辛德勒的实验简单易行，其实验结果是整个生态系统给出的，而不是实验室中的人造环境给出的。在一个沙漏状的湖（在ELA目录中编号为226）中，他和他的团队用一张尼龙加固的乙烯幕布横跨切割了湖中央，在西南湖盆施用碳（用的是会被细菌迅速转换为二氧化碳的蔗糖）和氮（硝酸盐）的肥料，而另一边（东北湖盆）在碳氮肥料的基础上加上了磷（磷酸盐）。当中所有比例都和污水处理厂排放的废水接近。

实验结果（图35）十分惊人。在加有碳和氮肥料的一侧，根据光合色素叶绿素的测定结果，藻类生物质几乎没有变化。这一结果在226号湖上表现得尤为有趣。如同其他位于加拿大地盾的湖泊，226号湖溶解无机碳的天然水平很低。假如碳对富营养化有影响，这里是最佳实验场所之一。与之完全相反的是，在加有碳氮磷肥料的一侧，有害藻类水华暴发了，主要由固氮蓝细菌为主。水华让水变成绿色并且水质变得浑浊，透明度从约3米下降到1米。除了许多其他水质变量的差异，幕布两侧这种视觉上的对比给政策制定者提供了强有力的证据：磷才是限制水华暴发的关键营养物，保护和修复淡水的工作应该特别关注对点源和非点源排放中磷输入的控制。

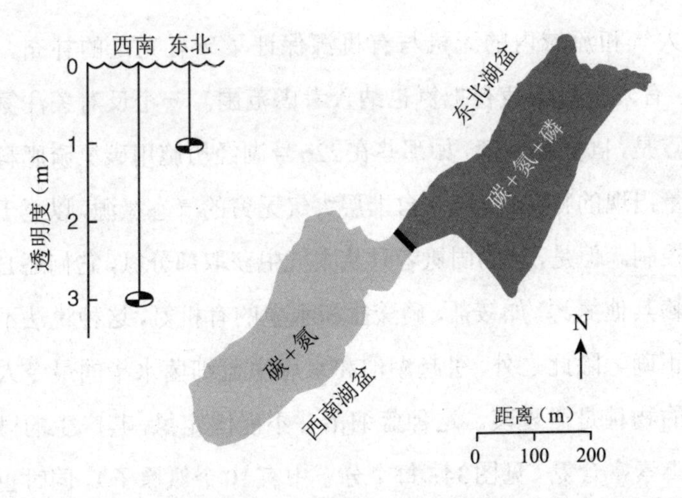

图35　226号湖富碳氮磷东北湖盆的蓝细菌水华暴发及其引起的透明度下降

在20世纪下半叶，全世界都把关注点放在了对磷的控制上，如寻找磷源、把污水排出湖盆、安装脱磷系统以及规范含磷洗涤剂和其他产品的使用。最早的一个案例是美国华盛顿湖。蓬勃发展的西雅图市以不断增加的速度把污水排放到湖中，在1960年代早期达到每天8 000万升。华盛顿大学的W. 汤米·埃蒙德森在研究中注意到湖水水质下降的先兆，包括营养物的上升和蓝细菌的繁殖。这些发现最终让西雅图市把城市污水计划分流排放到海中。这个计划是历经数年逐步实施的，到1968年再也没有下水道污水排放到湖中。从1964年到1969年这五年时间里，埃蒙德森的团队发现水质有了巨大的改善，夏季藻类浓度下降为原来的1/6，和冬季磷浓度下降的幅度相似。

现在的讨论集中在这个问题上：光控制磷就足够了吗？上

层大气和流域内的无机与有机源保证了碳有充足的补充。但是，有几个原因值得把氮也纳入考虑范围。一个反对关注氮的观点是，固氮蓝细菌，如那些在226号湖经历施用碳氮磷肥料后大量出现的物种，有着来自上层大气无穷的气态氮源，以至于无法控制。但是，认为固氮者只从大气中获取部分氮，它们还必须依赖其他氮源，如铵盐、硝酸盐和水中的有机氮，这种说法不完全正确。除此之外，引起湖泊和水库中蓝细菌水华的最令人担忧的物种是微囊藻。这种蓝细菌并不能固定氮，其产生的微囊藻毒素富含氮（见图34；每个分子中有10个氮原子），同时也有证据说明氮的富集能够促进这种毒素的合成。随着土壤排水系统效率的日渐提升，大量富氮富磷的肥料从农用地被排放到水体中。受此刺激，这一有毒物种在全世界范围内似乎都有死灰复燃的态势。

有些湖泊坐落在天然富磷的流域，如新西兰北岛火山高原中部的湖泊以及南美的的的喀喀湖，它们和ELA的湖泊有着截然不同的化学成分。对这些湖泊来说，全面的磷管控并不现实。失衡的磷管控可能也会导致大型植物的扩张，因为这些植物能通过根部获得沉积物中丰富的贮藏磷，同时受益于上层水中的氮富集。最后，淡水湖最终会流入海洋，而滨海环境一般富含磷，氮的浓度有限。假如只考虑移除磷，可能会把富营养化的问题带到下流的这些接收水域中。

出于这些理由，美国和欧盟的环境保护局在污水管控中建议同时移除磷和氮。这个政策决定引来一些争议，因为移除氮的技术昂贵，实操上也比移除磷更困难。针对磷这一单个元素为政策制定者和管理者提供了清晰不含糊的目标，且在这一过程中所有营养物的含量也减少了，处理方式如把处理过的污水通过管道排放到湖盆中（如太浩湖和华盛顿湖），或通过天然或人工湿地同时移除氮和磷。无论当地政策如何，辛德勒从226号湖获得的结果以及在ELA的相关实验强有力地证明了，人类是有能力在一片纯净湖水中迅速引发有害水华的，而管控外部营养供应对保护我们的湖泊免于藻类过度繁殖的危害至关重要。

营养物管控实施后，湖水的恢复并不总是如期望那样快速且彻底的。一部分原因在于“滞后效应”：湖水在营养物减少后的恢复阶段的轨迹可能和恶化时的轨迹不一样，特别是在经历持续的有害水华暴发、水体透明度大幅下降的情况后，水下植物群落（如褐藻）会承受损失（图36）。有许多过程会影响这一返回轨

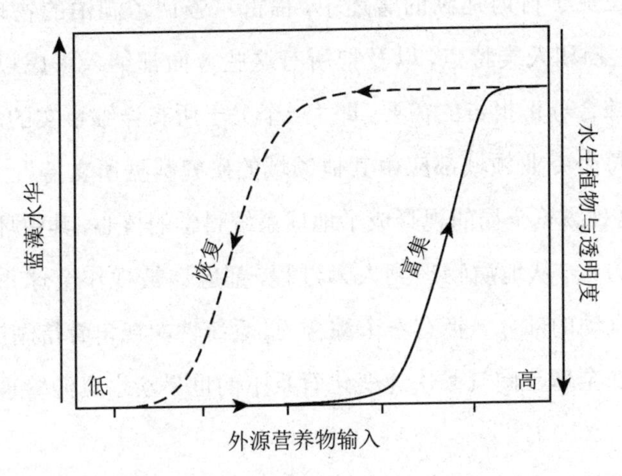

图36　湖泊水华恢复与恶化的迟滞现象

迹，并引起恢复手段的放缓甚至停滞。这部分可能出于生物学原因。比如，在蓝细菌生长多年后，沉积物可能富含孢子和休眠的细胞，成为持续水华的种源。但是，引起恢复放缓最重要的影响来自沉积物中释放出的营养物，尤其是磷，在无氧条件下这种释放会加速（但已知有例外）。这被称为“内部输入”，以便和来自湖泊流域的外部输入区分开来。例如，这种效应对伊利湖的影响就很明显，其严重的有毒水华由外部输入引起，同时混有来自湖泊沉积物的内部磷释放（图19）。释放得越多，意味着藻类的生长就越旺盛，导致更多的生物质被合成以供分解，且氧气消耗增加，加剧了无氧的情况。这种恶性循环很难停止，而目前最好的治理方法就是防止湖水进入氧气耗尽的状态。

湖泊的未来

在关于日内瓦湖的著述中，福雷尔强调了湖泊的物理、化学、生物和人类特点，以及把所有这些方面都纳入考虑以写成一篇综合分析报告的需要，即“一个关于所有详细事实的总览，其中每个专业领域都应由其他领域的研究数据所支持”。在今天，这种纵览全局的视野成了地球系统科学的核心，其中环境的每一方面，从地质物理到人为过程，都应该被视作全球系统中一个互动的部分。拥有一个综合的、系统性的视角看待湖泊，这与处在全球范围气候快速变化背景下的世界淡水资源管理息息相关。

世界上许多地区的湖泊现在都呈现变暖的趋势，平均下来和空气温度升高的速度差不多。但是，变暖的幅度却有很大差别，甚至同一气候区的不同湖泊之间差别也很大，这是因为不同的湖泊有不同的深度、所处风向和透明度。气候变暖往往伴随着极端天气，欧洲和北美洲部分地区的强降水事件已经被认定是有色溶解有机质输入增加的原因，这会导致湖水褐化。这种有机物的富集会改变水生食物网（图16）并降低透明度。这意味着更多的太阳能将被表层湖水吸收，进一步导致水体变暖。

水温的上升会给整个湖泊生态系统带来一系列的影响。蒸发率随温度上升而上升，这可能将湖水平衡推至总体损失的一端，湖面的下降可能会被降雨的改变抵消或加剧。即使水面小型的波动也会对生态系统的重要特征造成严重影响。例如，北美五大湖周边的湿地对候鸟和许多鱼类十分重要，这些半水生栖息地极易受水平衡微小变化的影响。温度的上升也会减小动植物中嗜冷物种所偏好的栖息地的规模，同时会协助来自更温暖气候的物种入侵。

气候变化对湖泊一个稍微没那么明显的影响体现在水的分层上。更暖的条件会让表层水和底层水的温度差异更大，于是密度差异也就更大。分层现象越明显，湖泊对风致混合的抵御能力就越强，因此会削弱氧气在大气和深层水之间的交换，以及营养物在底层水和表层水之间的交换。在坦噶尼喀湖，水温的上升和分层的稳定似乎已经导致真光带的营养供给下降，从而引起浮游植物生产力的下降，以及鱼产量下降30%。这些热分层效应对管理有害蓝细菌水华有着特殊的意义，因为暖水会引发水华，而且在蓝细菌基于气囊和浮力的迁徙中，它们会偏向在稳定的水层活动。

福雷尔描述了日内瓦湖湖盆的大部分居民如何生活在靠近湖岸的地方，以及他们如何成为湖泊生态系统的一部分。后者与一个在当时以及20世纪大部分时间内都受主流认可的观点背道而驰，即人类比自然的地位更高，可以全面统治陆地、大气和水域，以及拥有无限剥削这其中资源的权力，以满足我们不断增长的需求。在福雷尔撰写他著述的第三卷并描述日内瓦湖的人类历史时，住在洛桑的人口约为5.6万，全世界人口在16亿左右，而大气中二氧化碳的含量为296 ppm。而在接下来的100年里，本地和全球的人口都增加为原来的四倍，二氧化碳含量增加了25%。今天，超过80万人从湖中获取水，他们一直关注对营养物和污染物的控制。在世界淡水中日渐常见的新兴污染物包括药物、微塑料（尺径小于5毫米的聚乙烯颗粒）以及经过加工的纳米金属颗粒（1 ～ 100纳米）。除此之外，如同许多别处的湖泊，日内瓦湖开始显现气候变化的影响，如底层水变暖、分层和混合现象出现变化，以及某些鱼类产卵日期改变。

人口增长和全球变化对全球范围内湖泊的影响越来越大，这提醒着我们：虽然我们或许是整个生物圈最强大的实体，但我们和我们星球的环境有着密切的互惠关系，并在保护环境完整性以及我们高度依赖的生态系统上有着既定的利益。湖泊是生物多样性的核心；是活泼的“慢河”，水在其中流动、混合和反流；是连接大气和海洋的渠道；是周遭环境的集合体；是过去和现在变化的哨兵。从洪水控制和运输系统，到水、食物和能量的仓库，湖泊是人类社会的关键资源。为保护和维持所有这些价值，需要全球水平的政策决定和行动、湖泊科学和本地管理实践的不断发展，以及对湖沼学标志性的综合研究方法的关注。

译名对照表

A

A, Lake 湖泊 A
acid lakes 酸性湖
acidneutralizing capacity 酸中和能力
acidophiles 嗜酸微生物
acid rain 酸雨
Agassiz, Lake 阿加西湖
airshed 空气区
algae 藻类
algal blooms 藻类水华
algal pigments 藻类色素
algal toxins 藻类毒素
alkalinity 碱性
allochthonous carbon 异源碳
alphine lakes 高山湖泊
aluminium 铝
Amazon Basin dams 亚马孙盆地大坝
Amazon floodplain lakes 亚马孙洪泛平原湖泊
ammonification 氨化作用
ammonium 铵根离子
amphipods 端足类动物
anadromous fish 溯河洄游鱼类
anammox 厌氧氨氧化（作用）
anatoxin-a 鱼腥藻毒素 a
anoxia 无氧
Antarctic lakes 南极湖泊
aphotic zone 深水区
aquacultrue 渔业
Aral Sea 咸海
archaea 古核生物
Arctic char 北极红点鲑
Arctic floodplain lakes 北极洪泛平原湖泊
Arctic lakes 北极湖泊
ASLO 美国湖沼学和海洋学协会
assimilation 同化作用
Aswan dam 阿斯旺大坝
autochthonous carbon 同源碳

B

bacteria 细菌
Baikal, Lake 贝加尔湖
bathymetry 等深线图
Belo Monte dam 贝卢蒙蒂大坝
benthic boundary layer 底栖边界层
benthic zone 底栖区
billows 波状运动
bioamplification 生物放大作用
biodiversity 生物多样性
biofilms 生物膜
biogeography 生物地理学
bioprospection 生物勘探
bioturbation 生物扰动
birth of lakes 湖泊的诞生
Biwa, lake 琵琶湖
Black Sea 黑海

black water 黑色湖水
blooms 水华
blue-green algae 蓝绿藻
Bonney, Lake 邦尼湖
browning 褐化
Buenos Aires, Lake 布宜诺斯艾利斯湖

C

Calado, Lago 卡拉多潟湖
calcite 石灰石
calcium 钙（钙离子）
capillary waves 毛细波
carbonate 碳酸盐（碳酸根离子）
carbon cycle 碳循环
carbon, inorganic 无机碳
carbon, organic 有机碳
carbon dioxide 二氧化碳
carbon isotopes 碳同位素
carotenoids 胡萝卜素
Caspian Sea 里海
catadromous fish 降河洄游
catchment 集水区
catfish 鲶鱼
CDOM 有色溶解有机质
Cedar Bog Lake 赛达伯格湖
Chad, Lake 乍得湖
chironomids 摇蚊
chloride 氯离子
cholera 霍乱
chlorophyll 叶绿素
ciliates 纤毛虫
cichlids 丽鱼科
Cisco 湖白鲑
cladocerans 枝角类动物
clams 蛤蜊
climate change 气候变化
colour of lakes 湖泊颜色
comammox 全程硝化菌
Como, Lake (Lago di Como) 科莫湖
compensation depth 补偿深度
conductivity 电导率
connections to sea 与海的连接
conservation 保护区
Constance, Lake (Bodensee) 博登湖
contaminants 污染物
convective mixing 对流混合
copepods 桡足类动物
Coriolis Effect 科里奥利效应
Crater Lake 克雷特湖
crater lakes, meteoritic 陨坑湖
crater lakes, volcanic 火山口湖
crayfish 淡水龙虾
cryosphere 冰雪圈
Crystal Eye of Nunavik 努纳维克的水晶眼
currents 水流
cultural values 文化价值
cyanobacteria 蓝细菌
cyanotoxins 蓝细菌毒素
cycles, biogeichemical 生物地化循环

D

Darwin, Charles 查尔斯·达尔文
dating of sediments 沉积物的年代鉴定
dead lakes 死湖
Dead Sea 死海
death of lakes 湖泊的死亡
decomposition 分解作用
deepest lake 最深的湖
Deep Lake 迪普湖

denitrification 反硝化作用
density currents 密度流
detergents 洗涤剂
diatoms 硅藻
dimictic lakes 二次循环湖
dinoflagellates 双鞭毛虫
dissimilatry nitrate reducers 异化性硝酸盐还原菌
dissolved organic matter 溶解有机质
dissolved solids 溶解固体
DNA analysis 脱氧核糖核酸分析
DNA sequence tree 脱氧核糖核酸序列树状图
drainage basin 流域
drinking supplies 饮用水供应

E

ecosystem engineers 生态系统工程师
ecosystem services 生态系统服务
eels 鳗鱼
eggs 卵
eicosapentaenoic acid 二十碳五烯酸
El'gygytgyn, Lake 埃利格格特根湖
Ellsworth, Lake 埃尔斯沃斯湖
endemic species 地方特有物种
endorheic lakes 内流湖
English Lake District 英格兰湖区
EPA (Environmental Protection Agency) 环境保护局
EPA (fatty acid) 脂肪酸
epilimnion 湖上层
ephippia 卵鞍
Erie, Lake 伊利湖
euglenophytes 裸藻门
Eurasian milfoil 穗状狐尾藻
eukaryotes 真核生物
European Union 欧盟
eutrophic lakes 富营养湖
eutrophication 富营养化
evaporation 蒸发
evolution 进化
Experimental Lakes Area (ELA) 实验湖区
exploding lakes 喷发性湖泊
extinction 灭绝
extreme lakes 极端湖泊
extreme weather events 极端天气事件
extremophiles 嗜热微生物

F

Fast Death Factor 快速死亡因子
fatty acids 脂肪酸
FBA 英国淡水生物协会
fisheries 渔业
flagellates 鞭毛
flaming lakes 产生火焰的湖泊
Flathead Lake 弗拉特黑德湖
flatworms 扁虫
flies (dipterans) 蚊蝇类 (双翅目)
flood control 洪水管控
floodplain lakes 洪泛平原湖泊
flotation 上浮
fluorescence microscopy 荧光显微镜
flushing time 冲换时间
food webs 食物网
Fryxell, Lake 弗里克塞尔湖
fungi 真菌

G

gastropods 腹足纲

gas vesicles 气囊
gelbstoff “黄色物质”
GenBank 基因银行
General Carrera Lake 卡雷拉将军湖
Geneva, Lake 日内瓦湖
genomic analysis 基因组分析
geosmin 土臭味素
GIS 地理信息系统
glacial lakes 冰川湖
glass worms 玻璃虫
global change 全球变化
Grande Ethiopian Renaissance Dam 埃塞俄比亚复兴大坝
Great Bear Lake 大熊湖
Great Salt Lake 大盐湖
green algae 绿藻
greenhouse gases 温室气体
greening 变绿
groundwater 地下水
gyres 涡流

H

Haloarchaea 嗜盐古菌
halophiles 嗜盐微生物
harmful algal blooms (HABs) 有害藻类水华
Hauroko, Lake 豪罗科湖
highest lake 海拔最高的湖泊
high pressure liquid chromatography (HPLC) 高压液相色谱
HS 硫化氢
human health and safety 人类健康和安全
human impacts on lakes 人类对湖泊的影响
humic acids 腐殖酸
hydroelectric lakes 发电水库
hydrogen bonding 氢键
hydrogen isotopes 氢同位素
hydrogen sulfide 硫化氢
hydrology 水文学
hydro-reservoirs 蓄水区
hypertrophic lakes 超富营养湖
hypolimnion 湖下层
hyoxia 缺氧
hypsographic curve 陆高水深曲线
hysteresis 滞后现象

I

indicator species 指标物种
internal waves 内部波
invasive species 入侵物种
inverse stratification 逆向分层
inverterd microscopy 倒置显微镜
iron 铁
irrigation 灌溉
isotope analysis 同位素分析
Issyk-Kul, Lake 伊塞克湖

J

James Bay hydroelectric complex 詹姆斯湾水电设施
jellyfish 水母

K

kairomones 利它素
Kelvin-Helmholtz instabilities 开尔文-亥姆霍兹不稳定性
Kelvin waves 开尔文波

kettle lakes 壶穴湖
Kinneret, Lake 基尼烈湖
Kivu, Lake 基伍湖
Kuybyshevskoye 古比雪夫水库

L

Lake 226 226 号湖
lake definitions 湖泊的定义
lake level 湖面水位
lake origins 湖泊的起源
lake restoration 湖泊的恢复
lakes, number in the world 世界上湖泊的数量
lake as models 作为模型的湖泊
lake as rivers 作为河流的湖泊
lake as sentinels 作为哨兵的湖泊
land development 土地发展
landscape connections 地表景观的连接
Langmuir, Irving 欧文・朗缪尔
Langmuir spirals 朗缪尔环流
largest lake (freshwater) 最大的淡水湖
largest lake (saline) 最大的咸水湖
layering 分层
Léman 莱蒙湖
limnetic zone 湖沼区
limnlogy 湖沼学
lines on lake surface 湖面的线
lipids 脂质
littoral zone 沿岸区
Llanquihue, Lake 延基韦湖
lochs of Scotland 苏格兰的湖
lowest lake 海拔最低的湖

M

macrophytes 大型植物
Maggiore, Lake (Lago Maggiore) 马焦雷湖
major ions 主要离子
Malawi, Lake 马拉维湖
Manicouagan, Lake 曼尼古根湖
mats 生物垫
mayflies 蜉蝣
Mead, Lake 米德湖
mean depth 平均深度
Mendota, Lake 门多塔湖
mercury 汞
meteorite impacts 小行星撞击
meromictic lakes 局部循环湖
metals, heavy 重金属
methane 甲烷
methanogenesis 产甲烷作用
methanotroghy 甲烷营养作用
methyl isobroneol 甲基异莰醇
Michigan, Lake 密歇根湖
microbial loop 微生物循环
microbiology 微生物学
microbiome 微生物群系
microcosm 微观系统
microcystins 微囊藻毒素
microplastics 微塑料
midges 蠓虫
migration 迁徙
Mimivirus 拟菌病毒
minerals 矿物质
mites 螨虫
mixing 混合
mixotrophs 混合营养型
molecular techniques 分子技术
mollusc 软体动物
Mono Lake 莫诺湖

monomictic lakes 单循环湖
Monoun, Lake 莫瑙恩湖
Morar, Loch 莫勒湖
morphometry (basin shape)（湖盆）形态
mosses 苔藓
mud deposition 泥土沉积
mussels 贻贝

N

NALMS 北美五大湖管理协会
nanoparticles 纳米颗粒
nematodes 线虫
Nevado Ojos del Salado 奥霍斯-德尔萨拉多火山
Ness, Loch 尼斯湖
nitrate 硝酸盐（硝酸根离子）
nitrification 硝化作用
nitrite 亚硝酸盐（亚硝酸根离子）
nitrate ammonification (DRNA) 硝酸盐氨化作用（异化性硝酸盐还原为铵）
nitrogen cycle 氮循环
nitrogen enrichment 氮富集
nitrogen fixation 固氮作用
nitrogen isotopes 氮同位素
nonpoint sources of nutrients 非点源营养物
North American Great Lakes 北美五大湖
N ：P ratio 氮磷比
noxious algae 有害藻类
number of lakes 湖泊数量
nutrient loading 营养物输入
nutrients 营养物
Nyos, Lake 尼奥斯湖

O

Ohrid, Lake 奥赫里德湖
Ojibway, Lake 欧及布威湖
oldest lakes 最古老的湖泊
oligochaetes 寡毛虫
oligotrophic lakes 贫营养湖
Ontario, Lake 安大略湖
optics 光学
organic contaminants 有机污染物
organic matter 有机质
ostracods 介足纲
overfertilizion 营养物过多
overturn 湖水对流
Owens Lake 欧文斯湖
oxycline 氧跃层
oxidation 氧化（氧化作用）
oxygen 氧气
oxygen isotopes 氧同位素

P

palaeolimnology 古湖沼学
paradox of the plankton 浮游生物悖论
parasites 寄生虫
parthenogenesis 孤雌生殖
pathogens 病原体
pelagic zone 浮游区
periphytn 底栖植物
permafrost 永久冻土
pesticides 杀虫剂
pH 酸碱值
phages 噬菌体
phantom midge 幽灵蚊
phramaceuticals 药品
phosphorus 磷
photic zone 真光带

photochemistry 光化学
photodamage 光损害
photosynthesis 光合作用
photosynthetic sulphur bacteria 光合硫细菌
phytoflagellates 鞭毛植物
phytplankton 浮游植物
picocyanobacteria 微蓝细菌
picoeukaryotes 微真核生物
pigments 色素
Pingualuk Lake 平圭勒湖
plankton 浮游生物
plants 植物
Poincaré waves 庞加莱波
point sources of nutrients 营养物点源
polar lakes 极地湖泊
pollen 花粉
pollution 污染
ponds 池塘
population growth (human) 人口增长
precipitation 蒸发
primary production 初级生产
profundal zone 深水区
proglacial lakes 冰前湖
Proteobacteria 变形菌
protists 原生生物
protozoa 原生动物
psychrophiles 嗜寒微生物
psychrotolerance 耐寒微生物
PUFA 多不饱和脂肪酸

R

rare biosphere 稀有生物圈
ratio, Redfield 雷德菲尔德比值
Redon, Lake 勒东湖
reduction (chemical) 还原(还原作用)
regime shift 水文情势的转变
respiration 呼吸作用
reproduction 繁殖
resevoirs 水库
Rinihue Lake 里尼韦湖
ripples 涟漪
rivers and dams 河流和大坝
RNA 核糖核酸
rotifers 轮虫
Ruaehu crater lake 鲁阿佩胡火山湖
Rybinskoye 雷宾斯克水库

S

St-Charles, Lake (lac Saint-Charles) 圣查尔斯湖
saline lakes (salt water lakes) 碱水湖(咸水湖)
salinity 盐度
salmon 鲑鱼
saltiest lakes 最咸的湖泊
satellite remote sensing 卫星遥感测量
satellite tracking 卫星追踪
schisosomiasis 血吸虫病
scuds "飞毛腿"
sculpins 杜父鱼
Sea of Galilee 加利利海
seals 海豹
seasons of a lake 湖泊的季节
seawater 海水
Secchi depth 西奇深度(透明度)
secondary compounds 次级化合物
secondary production 次级生产
sediments 沉积物
sedimentation 沉积作用

seiche, internal 内部假潮
seiche, surface 表面假潮
shrimps 虾
SIL 国际湖沼学学会
silica 硅质玻璃壳
size of lakes 湖泊的大小
sludge worms 污泥蠕虫
small lakes 小型湖泊
snails 腹足类动物
snakes 蛇
snow 雪
Snowball Earth 雪球地球
solubility, carbonate 碳酸盐溶解度
solubility, oxygen 氧气溶解度
solute 溶质
sponges 海绵
stable isotopes 稳定同位素
stoichiometry, ecological 生态化学计量学
stratification 分层现象
stress effects 胁迫影响
stromatolites 叠层石
sturgeon 鲟鱼
subglacial lakes 冰下湖
sulfate 硫酸盐（硫酸根离子）
sulfide 硫化物
sulfur 硫
sulfur isotopes 硫同位素
sunlight 阳光
Superior, Lake 苏必利尔湖
swimmer's itch 泳者瘙痒

T

Tahoe, Lake 太浩湖
Taihu, Lake 太湖
Tanganyika, Lake 坦噶尼喀湖
Taupo, Lake 陶波湖
tectnic basins 构造湖盆
temperature 温度
thaw lakes 解冻湖
thermokarst lakes 热喀斯特湖
thermocline 温跃层
Three Gorges River dam 三峡大坝
Tibetan Plateau 青藏高原
Titicaca, Lake (Lago Titicaca) 的的喀喀湖
top-down effects 自上而下效应
toxic lakes 有毒的湖泊
toxins 毒素
transfer function 传递函数
transparency 透明度
transport 运输
trophic cascade 营养级联
trophic-dynamic concept 营养动力学概念
trophic state 营养状态
tropical floodplain lakes 热带洪泛平原湖泊
trout 鳟鱼
turbulence 扰动

U

ultramicrobacteria 超微细菌
unionid clams 珠蚌
Untersee, Lake 温特塞湖
upwelling 上涌
Urmia, Lake 奥卢米耶湖
UV-radiation 紫外线辐射

V

Vanda, Lake 万达湖

varzéa 低洼地
veligers 面盘幼体
Very Fast Death Factor 非常快速致死因子
Victoria, Lake 维多利亚湖
viral shunt 病毒分流
viruses 病毒
volcanoes 火山
Vostok, Lake 沃斯托克湖

W

Wakatipu, Lake 瓦卡蒂普湖
Walden Pond 瓦尔登湖
Washington, Lake 华盛顿湖
Wastwater 沃斯特湖
weeds 水草
watershed 流域
waves 波浪
Western Brook Pond 西布鲁克池
wetlands 湿地
Whillans, Lake 惠兰斯湖
whitecaps 白浪
whitefish 淡水白鱼
whiteings 白垩化
wind and currents 风和水流
wind mixing 风致混合
Windermere, Lake 温德米尔湖
winter limnlogy 冬季湖沼学
worms 蠕虫

Z

zooplankton 浮游动物

扩展阅读

Historical and literary

G. Bachelard, *Water and Dreams: An Essay on the Imagination of Matter* (Dallas: The Pegasus Foundation, 1983).

C. Bertola, *Léman Maniac* [*Crazy about Lake Geneva*] (Nyon: Éditions Glénat, 2009).

J. Dennis, *The Living Great Lakes: Searching for the Heart of the Inland Seas* (New York: Thomas Dunne Books, 2003).

D. Egan, *The Death and Life of the Great Lakes* (New York: W. W. Norton & Company, 2017).

F. N. Egerton, 'History of Ecological Sciences, Part 50: Formalizing Limnology, 1870s to 1920s', *The Bulletin of the Ecological Society of America* 95(2): 131–153 (2014).

F. A. Forel, 'Notice sur l'histoire naturelle du lac Léman' [Notes on the Natural History of Lake Geneva], pp. 217–243 in: E. Rambert, H. Lebert, Ch. Dufour, F. A. Forel, and S. Chavannes (eds), *Montreux* (Neuchâtel: H. Furrer, 1877).

F. A. Forel, 'Allgemeine Biologie eines Suesswassersees' ['General Biology of a Freshwater Lake'], pp. 1–26 in: O. Zacharias (ed.), *Die Tier- und Pflanzenwelt des Suesswassers* [*The Flora and Fauna of Freshwaters*] (Leipzig: J. J. Weber, 1891).

F. A. Forel, *Le Léman: Monographie limnologique* [*Lake Geneva: Limnological Monograph*], Vols. I, II, III (Lausanne: F. Rouge & Compagnie, 1892, 1895, 1904).

F. D. C. Forel (ed.), *Forel et le Léman: Aux sources de la limnologie* [*Forel and Lake Geneva: To the Origins of Limnology*] (Lausanne: Presses Polytechniques et Universitaires Romandes, 2012).

J. B. Gidmark, *Encyclopedia of American Literature of the Sea and Great Lakes* (Westport: Greenwood Press, 2001).

W. Grady (ed.), *Dark Waters Dancing to a Breeze: A Literary Companion to Rivers and Lakes* (Vancouver: Greystone Books, 2007).

B. Green, *Water, Ice & Stone: Science and Memory on the Antarctic Lakes* (New York: Harmony Books, 1995). A captivating, insightful account of lake science in the field.

J. Hart, *Storm over Mono: The Mono Lake Battle and the California Water Future* (Berkeley: University of California Press, 1996). This book has inspired students to become environmental scientists.

J. Kirk, *In the Domain of the Lake Monsters* (Toronto: Key Porter Books, 1998).

R. L. Lindeman, 'Seasonal Food-Cycle Dynamics in a Senescent Lake', *American Midland Naturalist* 1: 636–673 (1941).

S. Plath, *Crossing the Water* (London: Faber & Faber, 1975).

A. W. Reed, *Treasury of Maori Folklore* (Wellington: A. H. & A. W. Reed, 1963).

A. Steleanu, *Geschichte der Limnologie und ihrer Grundlagen* [*History of Limnology and its Foundations*] (Frankfurt: Haag & Herchen, 1989).

S. Tesson, *The Consolations of the Forest: Alone in a Cabin on the Siberian Tundra* (New York: Rizzoli International Publications Inc., 2013). A modern-day *Walden* set at Lake Baikal, Russia.

A. Thienemann, 'Seetypen' ['Lake Types'] *Naturwissenschaften* 9: 343–346 (1921).

H. D. Thoreau, *Walden* (New Haven: Yale University Press, 2006). This fully annotated, affordable version of Thoreau's 1854 classic is edited by Jeffrey S. Cramer, curator of the Thoreau Institute.

G. Topping (ed.), *Great Salt Lake: An Anthology* (Logan: Utah State University Press, 2003).

M. Twain, *Roughing It* (New York: Harper and Brothers, 1872). Includes entertaining accounts of Mark Twain's visits to Lake Tahoe and Mono Lake.

W. F. Vincent and C. Bertola, 'Lake Physics to Ecosystem Services: Forel and the Origins of Limnology', *Limnology and Oceanography e-Lectures*, 4(3), doi:10:4319/lol.2014.wvincent.cbertola.8 (2014). Available at: <http://www.cen.ulaval.ca/warwickvincent/PDFfiles/303-Forel.pdf>.

Popular guides to lake science and aquatic biology

M. J. Burgis and P. Morris, *The World of Lakes: Lakes of the World* (Ambleside: Freshwater Biological Association, 2007).

D. Gilpin and J. Schmid-Araya, *The Illustrated World Encyclopedia of Freshwater Fish & River Creatures* (London: Hermes House, 2009).

U. Lemmin, *Voyage dans les abysses du Léman* [*Voyage into the Abyssal Depths of Lake Geneva*] (Lausanne: Presses Polytechniques et Universitaires Romandes, 2016).

B. Moss, *Ponds and Small Lakes: Microorganisms and Freshwater Ecology* (Exeter: Pelagic Publishing, 2017).

L.-H. Olsen, J. Sunesen, and B. V. Pedersen, *Small Freshwater Creatures* (Oxford: Oxford University Press, 2001).

G. K. Reid et al., *Pond Life: A Guide to Common Plants and Animals of North American Ponds and Lakes* (New York: St Martin's Press, 2001).

D. W. Schindler and J. R. Vallentyne, *The Algal Bowl: Overfertilization of the World's Freshwaters and Estuaries* (Edmonton: The University of Alberta Press, 2008).

Scientific books

J. L. Awange and O. Ong'ang'a, *Lake Victoria: Ecology, Resources, Environment* (Heidelberg: Springer, 2006).

T. D. Brock, *A Eutrophic Lake: Lake Mendota, Wisconsin* (New York: Springer Verlag, 1985).

C. Brönmark and L.-A. Hansson, *The Biology of Lakes and Ponds* (Oxford: Oxford University Press, 2005).

G. A. Cole and P. E. Weihe, *Textbook of Limnology* (Long Grove: Waveland Press, 2016).

W. K. Dodds and M. R. Whiles, *Freshwater Ecology: Concepts and Environmental Applications of Limnology*, 2nd edn (San Diego: Academic Press, 2010).

S. I. Dodson, *Introduction to Limnology* (New York: McGraw-Hill, 2005).

J.-C. Druart and G. Balvay, *Le Léman et sa vie microscopique* [*Lake Geneva and its Microscopic Life*] (Versailles: Éditions Quae, 2007).

A. J. Horne and C. R. Goldman, *Limnology* (New York: McGraw-Hill, 1994).

J. Kalff, *Limnology: Inland Water Ecosystems* (Upper Saddle River: Prentice Hall, 2002).

G. E. Likens (ed.), *Encyclopedia of Inland Waters*, 3 volumes (Oxford: Elsevier, 2009).

B. Moss, *Ecology of Freshwaters: A View for the Twenty-First Century*, 4th edn (Oxford: Wiley-Blackwell, 2010).

S. T. Ross, *Ecology of North American Freshwater Fishes* (Berkeley: University of California Press, 2013).

J. P. Smol, *Pollution of Lakes and Rivers: A Paleoenvironmental Perspective*, 2nd edn (New York: John Wiley & Sons, 2008).

R. W. Sterner and J. J. Elser, *Ecological Stoichiometry: The Biology of Elements from Molecules to the Biosphere* (Princeton: Princeton University Press, 2002).

J. H. Thorp and A. P. Covich (eds), *Ecology and Classification of North American Freshwater Invertebrates*, 3rd edn (Oxford: Elsevier, 2010).

J. G. Tundisi and T. M. Tundisi, *Limnology* (Boca Raton: CRC Press, 2012).

W. F. Vincent and J. Laybourn-Parry (eds), *Polar Lakes and Rivers: Limnology of Arctic and Antarctic Aquatic Ecosystems* (Oxford: Oxford University Press, 2008).

J. D. Wehr, R. G. Sheath, and J. P. Kociolek (eds), *Freshwater Algae of North America: Ecology and Classification* (San Diego: Elsevier, 2015).

R. G. Wetzel, *Limnology: Lake and River Ecosystems*, 3rd edn (New York: Academic Press, 2001).

Scientific articles and reviews

S. Bonilla and F. R. Pick, 'Freshwater Bloom-Forming Cyanobacteria and Anthropogenic Change', *Limnology and Oceanography e-Lectures* 7(2) (2017), <https://doi.org/10.1002/loe2.10006>.

J. Catalan et al., 'High Mountain Lakes: Extreme Habitats and Witnesses of Environmental Changes', *Limnetica* 25: 551–584 (2006).

B. C. Christner, J. C. Priscu, et al., 'A Microbial Ecosystem beneath the West Antarctic Ice Sheet', *Nature* 512: 310–313 (2014).

J. J. Cole et al., 'Plumbing the Global Carbon Cycle: Integrating Inland Waters into the Terrestrial Carbon Budget', *Ecosystems* 10: 172–185 (2007).

B. R. Deemer et al., 'Greenhouse Gas Emissions from Reservoir Water Surfaces: A New Global Synthesis', *BioScience* 66: 949–964 (2016).
J. A. Downing, 'Emerging Global Role of Small Lakes and Ponds', *Limnetica* 29: 9–24 (2010).
D. Dudgeon et al., 'Freshwater Biodiversity: Importance, Threats, Status and Conservation Challenges', *Biological Reviews* 81(2): 163–182 (2006).
L. Grattan and V. Trainer (eds), 'Harmful Algal Blooms and Public Health', *Harmful Algae* 57B: 1–56 (2016).
F. Hölker et al., 'Tube-Dwelling Invertebrates: Tiny Ecosystem Engineers have Large Effects in Lake Ecosystems', *Ecological Monographs* 85(3): 333–351 (2015).
S. MacIntyre and R. Jellison, 'Nutrient Fluxes from Upwelling and Enhanced Turbulence at the Top of the Pycnocline in Mono Lake, California', *Hydrobiologia* 466: 13–29 (2001).
M. V. Moore et al., 'Climate Change and the World's "Sacred Sea"—Lake Baikal, Siberia', *BioScience* 59: 405–417 (2009).
R. J. Newton et al., 'A Guide to the Natural History of Freshwater Lake Bacteria', *Microbiology and Molecular Biology Reviews* 75: 14–49 (2011).
C. M. O'Reilly et al., 'Rapid and Highly Variable Warming of Lake Surface Waters around the Globe', *Geophysical Research Letters* 42(24) (2015).
H. W. Paerl et al., 'It Takes Two to Tango: When and Where Dual Nutrient (N & P) Reductions are Needed to Protect Lakes and Downstream Ecosystems', *Environmental Science & Technology* 50: 10805–10813 (2016).
L. G. M. Pettersson, R. H. Henchman, and A. Nilsson, 'Water: The Most Anomalous Liquid', *Chemical Reviews* 116: 7459–7462 (2016).
S. Pointing et al., 'Quantifying Human Impact on Earth's Microbiome', *Nature Microbiology* 1: 16145 (2016).
D. Righton et al., 'Empirical Observations of the Spawning Migration of European Eels: The Long and Dangerous Road to the Sargasso Sea', *Science Advances* 2: e1501694 (2016).
J. P. Smol, 'Paleolimnology: An Introduction to Approaches Used to Track Long-Term Environmental Changes Using Lake Sediments', *Limnology and Oceanography e-Lectures* 1(3) (2009), <https://doi.org/10.4319/lol.2009.jsmol.3>.
J. A. Stenson, 'Differential Predation by Fish on Two Species of *Chaoborus* (Diptera, Chaoboridae)', *Oikos* 31: 98–101 (1978).

J. D. Stockwell et al., 'Habitat Coupling in a Large Lake System: Delivery of an Energy Subsidy by an Offshore Planktivore to the Nearshore Zone of Lake Superior', *Freshwater Biology* 59: 1197–1212 (2014).

C. A. Suttle, 'Environmental Microbiology: Viral Diversity on the Global Stage', *Nature Microbiology* 1: 16205 (2016).

C. S. Turney and H. Brown, 'Catastrophic Early Holocene Sea Level Rise, Human Migration and the Neolithic Transition in Europe', *Quaternary Science Reviews* 26: 2036–2041 (2007).

C. Verpoorter et al., 'A Global Inventory of Lakes Based on High-Resolution Satellite Imagery', *Geophysical Research Letters* 41: 6396–6402 (2014).

C. E. Williamson et al., 'Ecological Consequences of Long-Term Browning in Lakes', *Scientific Reports* 5: 18666 (2015).

K. O. Winemiller et al., 'Balancing Hydropower and Biodiversity in the Amazon, Congo, and Mekong', *Science* 351: 128–129 (2016).

Websites

ASLO: <http://aslo.org>.

Billow demonstration (Kelvin–Helmholtz instabilities): <https://www.youtube.com/watch?v=UbAfvcaYrOO>

Chironomid tubes (video): <https://www.youtube.com/watch?v=RQwau_uSyy4>

Colour of lakes: <http://www.citclops.eu/transparency/measuring-water-transparency>

Cyanobacteria-identification: <https://pubs.usgs.gov/of/2015/1164/ofr20151164.pdf>

Dams (data base): <http://www.icold-cigb.org/GB/world_register/world_register_of_dams.asp>

Daphnia feeding (video): <https://www.youtube.com/watch?v=pLL_YzZ_4OO>

Daphnia swimming (video): <https://www.youtube.com/watch?v=MyDQ_f1mzH8>

English Lake District and other U.K. lakes: <https://eip.ceh.ac.uk/apps/lakes/>

Kelvin waves: <https://www.youtube.com/watch?v=SZlix47Jq4A>

Lake Biwa: <http://www.biwahaku.jp/english/member-e/researchactivities.html>

Lake Tahoe: <http://terc.ucdavis.edu/>

Large lakes (IAGLR site): <http://www.iaglr.org/lakes/>

Léman/Lake Geneva—International Commission (CIPEL): <http://www.cipel.org/>

Methane from Arctic thaw lakes (video): <https://www.dailymotion.com/video/x2mwrcv>

Microbial mats in Lake Untersee, Antarctica (video): <https://www.youtube.com/watch?v=qs2hUZP-6Bo>

Mono Lake: <http://www.monolake.org/>

NALMS: <https://www.nalms.org/>

Phantom midge (video): <https://www.youtube.com/watch?v=LQCj6T5sdQM>

Plankton and benthos (images from the Freshwater Biological Association): <http://www.environmentdata.org/browse-collection>

Rotifers (images): <http://www.microscopy-uk.org.uk/mag/wimsmall/extra/rotif.html>

SIL: <http://limnology.org/>

Tubifex worms—sludge worms (video): <https://www.youtube.com/watch?v=hxYBiBi3EbE>

World Lake Database (reference catalogue): <http://wldb.ilec.or.jp/>